十万个为什么·自然

U0743393

NIAOLEICHONGYU

鸟类虫鱼

▶ 牛立红◎编著

企业管理出版社
ENTERPRISE MANAGEMENT PUBLISHING HOUSE

图书在版编目（CIP）数据

鸟类虫鱼 / 牛立红编著. —北京：企业管理出版社，2014.2

（十万个为什么. 自然）

ISBN 978-7-5164-0592-5

Ⅰ.①鸟… Ⅱ.①牛… Ⅲ.①动物 - 青年读物②动物 - 少年读物 Ⅳ.①Q95-49

中国版本图书馆 CIP 数据核字（2013）第 273729 号

书　　名：鸟类虫鱼

作　　者：牛立红

选题策划：申先菊

责任编辑：申先菊

书　　号：ISBN 978-7-5164-0592-5

出版发行：企业管理出版社

地　　址：北京市海淀区紫竹院南路 17 号　　邮编：100048

网　　址：http：//www.emph.com

电　　话：总编室（010）68701719　　发行部（010）68701073

　　　　　编辑部（010）68456991

电子信箱：emph003@sina.cn

印　　刷：三河市兴国印务有限公司

经　　销：新华书店

规　　格：160 毫米×230 毫米　16 开本　13 印张　140 千字

版　　次：2014 年 4 月第 1 版　2014 年 4 月第 1 次印刷

定　　价：30.00 元

前　　言

本书以简明易懂的语言，介绍了鸟类虫鱼知识，为广大青少年构建起一座有关鸟类虫鱼知识的宝库，在一定程度上满足了广大青少年的求知欲和好奇心。

全书由以下部分构成：鸟类篇、昆虫篇、鱼类篇。

鸟类篇，介绍了鸟类的相关知识，如：鸟类起源与进化经历了哪些历程？世界上真的有大鹏鸟吗？中国九头鸟是否真的存在？为什么鸟类没有牙齿？雏鸟是怎样出生的？鸟类是如何迁徙的？为什么鸟会飞翔？鸟类是如何求爱的？鸟都有哪些"特异功能"？为什么蜂鸟能在半空中停留？为什么朱鹮被誉为"东方明珠"？等等。

昆虫篇，介绍了关于昆虫的相关知识，如：怎样识别昆虫？昆虫生活在哪些地方？蜜蜂在蜂房里如何传递信息？美洲王蝶是如何万里迁徙的？为什么说大黑蚂蚁很神奇？为什么蚊子喜欢叮穿黑色衣服的人？你知道威武雄壮的独角仙吗？你知道龙虱吗？为什么说松象虫是松树的害虫？屎壳螂为什么要滚粪球？等等。

鱼类篇，介绍了关于鱼的知识，如：你知道深水鱼的视觉奥秘吗？为什么说鱼类也有个性？你知道用肺呼吸的鱼吗？为什么三棘刺鱼被称为鱼中"建筑师"？你知道生活在热水中的鱼吗？为什么鲫鱼被称为"免费旅行家"？等等。

本书语言通俗易懂，叙述生动有趣，介绍的科学知识准确翔实，会让青少年喜欢阅读，并且对鸟类虫鱼知识产生浓厚兴趣。相信本书能够帮助青少年增长知识，开阔视野，为他们打开一扇了解鸟类虫鱼世界的窗口，成为青少年了解自然世界的最佳读物。

目　　录

鸟类篇

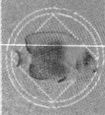

昆虫篇

鱼类篇

鸟类篇

鸟类虫鱼

鸟类起源与进化经历了哪些历程

鸟类可能是由侏罗纪蜥龙类进化而来的。最早的鸟类表现出与恐龙中的虚古龙有明显的相似性。鸟类在白垩纪得到了很大的发展，到新生代，已与现代鸟类的结构无明显差别。可以推测，大约在 2 亿年前，旧大陆的一支古爬行类动物进化成鸟类，逐渐随着鸟类的繁盛而扩展到新大陆。在适应于多变环境条件的同时，鸟类发生了对不同生活方式的适应辐射。

它们的形态结构除许多同爬行类相同的部分外，也有很多不同之处。这些不同之处一方面是在爬行类的基础上有了较大的发展，具有一系列比爬行类高级的进步性特征，如有高而恒定的体温，完善的双循环体系，发达的神经系统和感觉器官以及与此联系的各种复杂行为等。另一方面为适应飞翔生活而又有较多的特化，如体呈

流线型,体表披羽毛,前肢特化成翼,骨骼坚固、轻便,具气囊和肺,气囊是供应鸟类在飞行时有足够氧气的构造。气囊的收缩和扩张跟翼的动作协调。两翼举起,气囊扩张,外界空气一部分进入肺里进行气体交换,另外大部分空气迅速地经过肺直接进入气囊,未进行气体交换,气囊就把大量含氧多的空气暂时贮存起来。两翼下垂,气囊收缩,气囊里的空气经过肺再一次进行气体交换,最后排出体外。这样,鸟类每呼吸一次,空气在肺里就进行两次气体交换。可见,气囊没有气体交换的作用,它的功能是贮存空气,协助肺完成呼吸作用。气囊还有减轻身体比重、散发热量、调节体温等作用。这一系列的特化,使鸟类具有很强的飞翔能力,能进行特殊的飞行运动。

世界上真的有大鹏鸟吗

巨鹏,或者叫大鹏鸟,是一种庞大的鸟类,它们和其他的庞然大物一样,翅膀展开时十分巨大,甚至于大得遮得住太阳。世界各地都有关于巨鹏的传说,这些巨鹏的体积相当大,可以载动大象、骆驼或成群的孩子,例如古波斯的斯摩奇(大地、海洋和天空的结合体,住在知识之树的树顶,曾亲眼目睹世界的三次大毁灭)、希伯来的巴尤克尼（犹太法典中曾经提到，它的蛋从巢中滚落，砸死三百多棵树，淹没六百多个村庄）、印度的金刚大鹏（亦作"揭路荼"或"迦楼罗"，印度神话中鹰头人身的金翅鸟，印度尼西亚的国徽图案）和美洲的雷鸟（以巨鸟形象出现的雷、闪电和雨的精灵），都有着相似的特征。其中最典型的例子出现在《一千零一夜》（或称《天方夜谭》）和《马可·波罗游记》之中，《一千零一夜》里有四个关于巨鹏的故事。

巨鹏最早出现在著名的波斯故事家史瑞兹德所写的奇异故事中。她最核心的故事都收录在《一千零一夜》中，虽然这些故事并不都源于阿拉伯。史瑞兹德的故事来源是印第安、波斯、中国和阿拉伯等地，因此，可以据此推断巨鹏同样来自于这些地方。它和这些地方的其他太阳鸟一样，类似于凤凰以及它在中国和日本的同类。这个家族还包括阿拉伯的安卡——一种漂亮的波斯怪物，而和印度的揭路荼、希伯来人民间传说中的巨鹏的相同点是：喜欢用大象的肉来喂食自己和孩子。另外

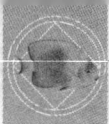

还有来自于西伯利亚和阿拉斯加的传说，讲述了巨大的诺该鸟吃食庞大的动物，从鲸鱼到麋鹿，而且还有巨大的美国西北方的雌性鸟偷窃小孩。另外一种生长在太平洋西北的巨大的鸟是雷鸟，有趣的是，在《一千零一夜》中，失去孩子的巨鸟父母的哭声像打雷一样。巨鹏代表了强大的白鹰，居住在一个很特别的岛上，可以用它强有力的爪子抓起大象，然后从很高的地方扔下，而被摔成肉酱的大象刚好适合巨鸟吃食。根据《一千零一夜》中的一个细节，巨鹏同样喜欢吃卡喀旦的肉。卡喀旦是一种独角动物，比骆驼还要大，有时被描述为独角兽，经常会被看作是犀牛。在大象走过时，卡喀旦会用它6米长的人形的角将大象挑起来摔死。然而，不幸的是，当大象死后，它的肉被熔化并灌入卡喀旦的角中，然后流入它的眼睛里，将它弄瞎。这样，卡喀旦和大象便一起成为长有鹰眼的巨鹏的猎物。

而马可·波罗在其游记中所记述的巨鹏"展开翅膀有16米长，羽毛约8米长，纯白色，蛋的周长有50多米，马达加斯加的特使曾经向中国皇帝敬献过一根巨鹏的羽毛"。实际上，这并非真正意义上的巨鹏，而是象鸟（又称隆鸟，一种不会飞的白色巨鸟），马达加斯加是象鸟的故乡，这种鸟在16世纪就已经绝迹。

中国九头鸟是否真的存在呢

　　提到九头鸟，人们都知道"天上九头鸟，地上湖北佬"这句有趣的民谣。久而久之，"九头鸟"便成为湖北人的戏称或代名词了。

　　中国古代诗文中对九头鸟有生动的描述。唐代刘恂《岭表录异》卷中云："鬼车，春夏之间，稍遇阴晦，则飞鸣而过。岭外尤多。爱入人家烁人魂气。或云九头，曾为犬啮其一，常滴血。"北宋《太平御览》卷九二七引《三国典略》："齐后园有九头鸟见，色赤，似鸭，而九头皆鸣。"南宋周密《齐东野语》卷十九："鬼车，俗称九头鸟……又名渠逸鸟。"明末清初字书《正字通》则认为："（鸧）（鸒），一名鬼车鸟，一名九头鸟，状如（鹈）（鸥），大者翼广丈余，昼盲夜瞭见火光辄堕。"东晋郭璞《江赋》云："奇（鸒）九头。"今《辞海》在《九头鸟》辞条中注释："亦名'苍（鬼车）'。古代传说中的不祥怪鸟。"在中国古代诗文描述和民间传说中，九头鸟笼罩着一层神秘的色彩，成为神鸟、怪鸟或不祥之鸟。近几年来，有的报刊报道了湖北省恩施土家族苗族自治州、湖南省石门县等地发现了九头鸟的消息，从而引起了国内外的关注。在驰名中外的生物宝库、奥秘王国——神农架，奇禽异兽种

类繁多,有不少关于九头鸟的目击者。

是否真正存在九头鸟呢?

通过调查研究和分析,不少学者认为:

(1)九头鸟在古代诗文中记载颇多,现代也多处发现,可以设想它是一种珍贵罕见的鸟类动物,只是科技界尚未获得标本罢了。

(2)自古迄今,九头鸟常发现于湖南、湖北、河南等地,而以湖北为中心。所以,人们常说"天上九头鸟,地上湖北佬",是有实物作依据的,恐非仅仅是神话传说。

(3)古今目击者看到九头鸟滴血或嘴巴是红色,可能是九头鸟哺食动物或身体受伤后残留血迹所致。

(4)当代发现九头鸟仅限于鄂西的神农架和恩施土家族苗族自治州、湘西北的石门县南坪河乡,而这三地正好连成一片,地处北纬30°—32°、东经109°~111°之间,这并非仅仅是巧合。

(5)神农架是华中屋脊,恩施土家族苗族自治州是山区,壶瓶山是湖南屋脊,说明九头鸟主要生活于人烟稀少、森林茂密的中山和高山地带,很难见到,所以不应轻易否定九头鸟的客观存在。

(6)神农架的九头鸟很可能栖息于八角庙燕子洞等处。此洞地势险峻,高深莫测,人们很难攀入洞里,说不定九头鸟就以燕子为主食。神农架山洞密布,栖息于洞穴中的燕子(短嘴金丝燕)最少有数百万只,以动物为食的鸟兽很容易入洞捕食燕子,所以九头鸟不愁食物。

据此推测,九头鸟可能是存在的。

如能科学地证实九头鸟的存在，那么，九头鸟将是地球上鸟类王国中最珍奇的瑰宝。从生物工程角度看，它具有极为重大的科研价值，也具观赏价值和经济价值。一旦捕获到九头鸟，将是自然科学的一大发现。

为什么鸟类没有牙齿

大家知道，鸟类过着飞行生活，活动强度大，新陈代谢快，每天需要消耗巨大的能量。为了满足需要，它必须不断地努力寻找食物，尽快加以吞食和消化。不然的话，像爬行动物那样，通过细嚼慢咽来粉碎和消化食物，那么入不敷出的问题必然会变得非常严重。

为了适应飞翔生活，鸟类便产生了新的取食方式。这种取食方式的特点是：没有牙齿，用圆锥形的嘴——喙来啄食，将整粒或整块食物快速吞下，然后将食物贮藏在发达的嗉囊中。食物在嗉囊中经软化后逐步由砂囊磨碎，再由消化系统的其他部分陆续加以消化、吸收。这种方式不需要牙齿和与此有关的系统，大大减轻了体重。经研究发现，鸟类与取食有关的骨骼重量，大约只占头骨总重量的1/3。而其他的动物，相应骨骼的重量占头骨总重量的比例不

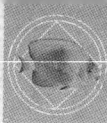

小于 2/3。鸟类不用牙齿后，导致与取食有关的骨骼退化，从而大大减轻了头骨总重量，因此更有利于飞行。而且这种砂囊磨碎方式，即使在鸟的飞行过程中，也能正常进行。可见鸟类有砂囊而没有牙齿，正是对于快速取食、快速消化的一种适应，十分适合鸟类飞行的需要。

雏鸟是怎样出生的

当一对鸟夫妻经过浪漫的热恋后，它们便开始建造自己的家。和人类一样，鸟类里有许多能工巧匠，它们把巢筑得既结实又漂亮。用来筑巢的建筑材料也很奇怪，像牛毛、地衣、苔藓、羽毛、柔软的树枝等都成了它们筑巢的材料，为了收集到这些材料，鸟类可能会飞来飞去几千次。雌鸟把蛋产在温暖舒适的巢里，亲鸟用自己的体温保持卵的温度，使卵孵化。在合适的温度下，受精卵先是出现明显的眼睛，接着心脏开始跳动，然后开始长出细细的羽毛，继而长出眼睑，眼睛紧闭着，旧黄慢慢消失，孵化期满，小鸟用嘴从里面啄破蛋，发出叫声，宣告自己的诞生。刚孵出的雏鸟发出第一声鸣叫，嗷嗷待哺，亲鸟飞出去四处觅食。经过一段时间的哺育，小鸟第一次振动翅膀，开始练习飞翔。独立后的小鸟就开始自

己觅食，永远地离开出生的鸟巢，它要组织自己的家庭，完成鸟周
而复始的生命循环。

鸟类是如何迁徙的

鸟类迁徙时，或三五成群，掠过长空；或集体出动，遮天蔽
日。在德拉韦尔湾海岸方圆数百平方米的暂栖地内，聚集在一起的
鸟儿光一个种类就有 10 万只之多。春天，当它们来到筑巢地，大
群的鸟儿分散开来，每对配偶选择一个筑巢点。凭窗远眺，望见筑
在苹果树上的鸟巢，人们不由得会想："去年在那棵树上筑巢的，
也是同一群鸟儿吗？"那么，它们是怎样迁徙的呢？

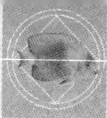

在公元前2000年镌刻的埃及浮雕上，我们可以看到人类对鸟类迁徙的惊叹。纵然不提绵延几千年的历史，人们设法理解鸟类为何以及如何迁徙，也是由来已久的事了。

第一个论述鸟类迁徙问题的是公元前4世纪的古希腊哲学家亚里士多德，可惜他的观点不对头。他指出某几种鸟是迁徙性的，这没有错；但他断言那几种鸟在迁徙的路上变成了别种鸟儿，这就把事情给完全搞混了。

到16世纪，欧洲探险家进行环球航行，欧洲人在美洲定居下来。在人们拓宽了的眼界下，亚里士多德观点的错误就暴露了。可是又发生了新的争论，博物学家相信，类似于上述的鸟可往返于很长的距离之间，有些甚至从一个洲到另外一个洲，这听起来有点不可思议。博物学家无法解释，轻盈如鸣禽，才百把克重，怎能飞越即便人类也才刚开始征服的距离？于是另一些理论家提出了完全不同的见解：鸟儿根本没有迁徙，它们在原地销声匿迹，是因为冬眠了。既然像熊这么大的动物都能冬眠，小小的鸟儿当然更容易冬眠。这一理论的支持者也难找到证据：鸟儿如果冬眠的话，是在哪儿冬眠？为什么没人看见它们

在冬天的藏身之处？

人们后来发现，鸟儿冬眠的事确实有，但十分罕见。加利福尼亚沙漠地区纳托尔的蚊母鸟就是其中一例。还有其他一些鸟，尤其是猫头鹰科的，既不冬眠也不迁徙。例如，条纹猫头鹰和大角猫头鹰一年四季生活在同一地区。最小的猫头鹰是美国西部的精灵猫头鹰，身长仅 15.2 厘米，会迁徙到墨西哥，因为它们的食物是昆虫，不是小型哺乳动物，而在冬天的几个月里没法找到昆虫。

造成鸟类迁徙的是食物匮乏，而不是季节寒冷本身。我们人类当中的"雪鸟"在温暖的佛罗里达过冬，又回北方歇夏。真正的鸟儿可不是这么回事，它们无暇找寻宜人的气候，却要觅求果腹之地。觅食的冲动能把它们赶上迢迢旅程，那是连生活在如今大型喷气客机时代的人类也未免望而生畏的。北极燕鸥每年迁徙时从位于北极圈的筑巢地经欧洲和非洲的海岸南下至南极地区。食米鸟由加拿大到巴西南部、阿根廷和乌拉圭的草原，行程 8045 公里。有些鸟在迁徙中飞到了不可思议的高度，纹头雁以 8991.6 米的高度飞越喜马拉雅山。还有些鸟作长距离不着陆飞行，那当中的时差适应，人类得花上一个月才能恢复。黑顶白颊林莺在秋天从马萨诸塞海岸起飞，36 小时后到达大西洋上某处，赶着西印度群岛的贸易风，飞抵南美洲海岸。这是一次为期四天的不着陆飞行。

使科学家怔住的不仅仅是鸟类那令人难以置信的飞行距离，更让他们为难的是不同种类的鸟还有不同的迁徙方式。例如，大多数种类的鸟会飞离径直的航线，以免在开阔的水域上空长时间地飞

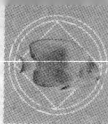

行。这好像很合乎逻辑，因为陆地生活的鸟在开阔水域上没地方可以歇脚或觅食。可是为什么有些鸟偏偏要进行这样艰难的飞行呢？黑顶白颊林莺怎么会接连四天在海上进行不着陆飞行？更叫人困惑不解的是，红喉蜂鸟要吃大量的食物方能维持两翼极其快速的拍动，为什么能从美国南部到尤卡坦半岛再回来，进行跨越墨西哥湾的长途飞行呢？按理说在所有各类鸟中，它们最有条件绕道靠近陆地飞行，免得飞行804.5公里，越过墨西哥湾。

像这样一些叫人费解的问题，使许多专家怀疑自己究竟是不是真的了解鸟类迁徙之谜。在20世纪的头几十年中，确定鸟类迁徙方式的工作有了一些进展，因为在鸟类筑巢地给鸟腿加箍带或环的做法得到了普及。另外，全球的鸟类观察爱好者见到带箍的鸟儿时都愿意自觉报告消息。在他们的帮助下，科学家绘制出了复杂的鸟类行程地图，关于鸟类迁徙的位置和时间问题因此有了详细解答。但仍然让琢磨不透的是迁徙的机制问题。

人们已经搞清，大多数种类的鸟不是拖家带口迁徙。在大部分情况下，雄鸟比雌鸟和刚会飞的幼鸟先离开夏季筑巢地。雄性的红喉蜂鸟早在7月底便动身回墨西哥，而同种的雌鸟和幼鸟要在美国待到10月份。另一方面，三种天鹅，包括小身材的冻土带天鹅和大得多的号手天鹅（两者都是北美的鸟类），却是举家从阿拉斯加和加拿大的筑巢地，迁徙到美国境内的冬季觅食地。天鹅合家迁徙的原因，在于它们成熟得比大多数鸟类慢，幼鸟需要得到一切可能的帮助，才不至于在迁徙途中迷路。

为什么鸟会飞翔

"海阔凭鱼跃，天高任鸟飞。"让我们来看看鸟儿是怎样扶摇直上的。

拥有一对翅膀是鸟类飞行的首要条件。科学家们认为，鸟类翅膀结构异常复杂，丝毫不亚于鸟类整体机能的复杂性。鸟翅的羽毛构造能巧妙运用空气动力原理，推动空气，利用反作用力向前飞行。鸟儿飞翔除了主要依赖于翅膀外，还有它们特殊的骨骼。鸟骨是优良的"轻质材料"：中空质轻。这对减轻自重、增加浮力非常有利。

另外，鸟类和人类一样，在缺氧的情况下，会进行"过度换气"。与人类不同的是，鸟类进行的是双流呼吸：肺部——气囊——肺部。在6000米高空，氧气含量仅为海平面的1/2，而鸟类在此高度飞行时，能将呼吸频率增加5倍，吸入空气的量增加2倍。

过度换气能使肺快速吸进更多的空气，从而把大量的氧输送到身体的各个部分，尤其是大脑。在通常情况下，大脑损坏的直接原因，就是因为脑血管在过度换气时开始收缩，变得比正常时狭窄，脑细胞没有足够的氧气补充，死亡就会加速。然而，在相同的情况

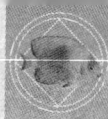

下，鸟类却能获得成功，有人认为它们在过度换气时不会发生脑血管收缩现象，所以可以战胜人类认为难以承受的极限。

但是，鸟类究竟是拥有怎样的控制机制才得以使它们在过度换气时仍能保持正常的脑血流量的呢？

有人说，鸟类之所以能战胜复杂的气流、高寒、缺氧等等不利条件，仅有过度换气方面的特殊功能显然不够。在那些不利条件下，人或其他哺乳动物由于缺氧会导致体内所有的功能发生紊乱，更何况面临的不仅仅是缺氧，还有其他可能危及生命的事情同时袭来，如奇寒、复杂的气流冲击、料之不及的冰雹风雪等等，因而必须具备综合性的应变能力才行。鸟类如此与众不同，一定有一整套合理的、科学的应变装置。但是这套"装置"藏在什么地方人类还不知道。

可见，鸟类凌空飞翔之谜依旧不甚明晰。它们到底有什么飞翔的功能？这还有待人们进一步探索和研究。

鸟类是如何求爱的

求爱是动物的本能。当然，求爱的方式不同也可导致爱情的结果不同。据说鸟类的求爱方式就很奇特。

春回大地，万物复苏，鸟类开始寻求配偶，准备生儿育女。为引起异性的注意，它们早已迫不及待地换上了一身崭新漂亮的羽衣。雄鸟做的第一件事就是抢占一块环境舒适、食物丰富的"领地"，跳跃于高大的树梢上引吭高歌，耀武扬威地做些表演，时刻防范着其他鸟类尤其是同一类的雄鸟进入它的地盘。要是后来者要强行侵占，那么就会有一场决斗发生，胜者为王，败者逃匿。

地盘有了，随即开始寻求配偶。啄木鸟用它那细长坚硬的嘴急促地敲打空心树干，发出类似快速击鼓的声响，以向雌鸟表达自己的心声。野鸭、雁和天鹅等水禽的求偶表现是在水面嬉戏，做出花样泳姿，不时击起高高的水花。

松鸡科的鸟类不喜动荡，它们大都有一个固定的求偶场地，可称为交配中心。每到繁殖季节，雌雄松鸡就从四面八方汇集到交配中心。每天破晓雄鸡就登台表演了。它突然地收缩胸肌，迸发出的强大气流振动食道和口腔的壁，发出清脆的"砰"的一声巨响，不

17

断地吞吐空气，从而发出有节奏的"砰、砰"声以引起雌鸡注意。然后，它又将脖子上的白色羽毛竖起来，使一根根长长的尾羽直翘冲天，骄傲地在雌鸡群中往返穿行，并与胆敢进入这一块领地的雄鸡激烈地格斗，最后一名胜利者便可获得众多雌鸡的爱情。

表达爱情方式最为优雅的当属鹤类，两只鹤通过一连串优美多姿的舞蹈动作产生默契的配合，从而结为伉俪。舞蹈中的双鹤如痴如醉，忽奔忽止，好不缠绵。不管用何种方式，动物们总能将爱情进行到底，不达目的誓不罢休。这一点倒是很值得借鉴。但具体的各式求爱方式的意义，恐怕还有待于动物学家们大费一番脑筋了。

你知道动物的决斗规则吗

地球上，除了人类以外，动物界也经常发生大大小小的决斗。它们奉行着自己独特而严格的决斗准则，每一位参加决斗的角逐者都不得违背。

蝙蝠倒悬在石岩上，彼此用鼻子互相碰撞，以此抒发自身的愤恨。

蛇在与同类相争时，从不以毒牙加害对方。雄性响尾蛇相斗时，双方尾部缠绞在一起，高高地挺起胸膛，继之像柔道选手一样

竭力将对方的头朝下按压，谁要是将对手牢牢按压住几秒钟，谁就是胜者。

雄蜥蜴在经过一番恫吓动作之后，便相互轮流咬住对方的脖子，而被咬一方不得对此有任何反抗。如此交替着咬下去，直到其中一方不愿再咬，认输为止。

雄旱龟彼此相争时，也从不想置对方于死地，将对手翻个仰面朝天失去战斗力就够了。

美国动物学家曾录下树鼩决斗的奇趣场面。一开始，领地的主人对来犯的同类骂不绝口，然后用牙齿咬往对方的尾巴用力往自己的地盘外拖。如果这种反击仍不奏效，双方便展开新一轮"叫骂战"。谁忍受不住对方刺耳的号叫，谁就是当然的败将。

鸟类也有着自己的竞争准则。鸽子之间发生对抗时，仅仅限于发怒一方羽毛横竖，挺起胸脯，在另一方面前雄赳赳地踱来踱去，谁的外貌显得威严，谁就是胜利者。

雄海鸥在表示认输时，总是羞答答地在强者面前扭过头去，或者"放下武器"，把长喙塞进胸前的羽毛里。

19

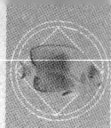

鸟都有哪些"特异功能"

1. 鸟类的睡眠

鸟和人类一样，睡眠时全身放松，但它却不会从树上掉下来。其实，奥秘就在鸟的腿脚上。树栖鸟类的脚，有一个锁扣机关，长有屈肌和筋腱，非常适合抓住树枝。当鸟全身放松蹲下睡觉时，它能用身体的重压使脚趾自动紧握住树枝，这样只管放心睡觉，万无一失，摔不下来。当鸟儿睡醒后站立起来时，它腿上的肌腱又重新舒展开。同时，鸟类为了适应环境的需要，在长期的飞翔生活中练就了一套高超的平衡本领，这也是它能在睡眠时不会从树上摔下来的重要原因。

2. 老鹰的"千里眼"

鹰可以在几千米的高空，准确无误地辨别地上的动物，就连蛇、田鼠等也逃不过它的眼睛。这是老鹰的眼部结构比较独特的缘故。人类每只眼睛里的视网膜上，都有一个凹槽，叫做中央凹，而老鹰眼中的中央凹却有两个。这两个中央凹的作用不同，其中的一个专门用来向前方看，另一个则专门用来向侧面看。这样，老鹰的视觉范围就宽得多，能兼顾前方和侧面。除此之外，老鹰的每个中央凹内用于看东西的细胞也比我们人类的多出六七倍。所以，鹰的眼睛不仅比其他动物看得远，而且看得更清楚，人们就给它一个外号——"千里眼"。

3. 排队飞行的大雁

大雁在冬季来临迁徙时，常常排列成整齐的"人"形或"一"字形，自北向南缓缓掠空飞行。大雁在飞行时，除了扇动翅膀外，主要是利用上升的气流在空中滑行，节省体力以利于长途飞行。在雁群前面领头的老雁，翅膀在空中划过时，翅尖上会产生一股微弱的上升气流，后面的雁为了利用这股气流，就紧跟在前面雁的翅尖后面飞。这样一只跟一只，就排列成整齐的雁队了。另外，排列成队形飞行，还有利于雁群对敌害的防御。领头雁具有先天性的定向感觉，不会带领整个雁群飞离固定的迁徙路线，发生迷路问题。幼雁大都插在队伍的中间，不仅可以受到保护，而且在老雁的诱导与指引下，能获得定向的本领。

4. "鹤鸣于九皋，声闻于天"

丹顶鹤在空中飞翔时，头、颈和细长的腿都伸得笔直，前后相称，十分闲适自得，使它充满遗世独立的"仙"韵。丹顶鹤的寿命可达五六十年，这在鸟类世界中算是较长寿的。所以我国古代的诗词字画中常有"松鹤延年"图形与题字，借以表达祝君长寿的心意。丹顶鹤的颈特别长，气管在胸骨间发生了盘曲，好像喇叭的构造一样。因此鹤的鸣叫声十分响亮。

《诗经》中说"鹤鸣于九皋，声闻于天"，就是描写丹顶鹤在

云霄中飞翔时发出的清脆高亢的鸣叫声。正因为如此，我国的民间传说中，仙人也总是以丹顶鹤为伴，驾着祥云飘忽而来，一路高唱前行，而丹顶鹤也就有"仙鹤"之称了。

5. 一只脚站着睡觉的鹤

在动物世界里，鹤只能算是一种弱小的动物，它们有许多强大的天敌。鹤要生存下去，必须保持高度的警惕性。如果它像其他动物一样躺下睡觉，一旦遇上险情或敌害，就难以逃脱。然而，鹤站着睡觉或休息是一桩很疲劳的事，那"骨瘦如柴"的脚，难以长时间承受身体的重量。聪明的鹤想出了一个好主意，当它睡觉或休息时，就用一只脚站在地上，另一只脚收缩起来，靠近腹部休息。过了一会儿，再放下另一只脚来替换。这样用两只脚反复交换站着，自然不会感到吃力。同时，如果发现敌人来了，它会立即放下收缩的一只脚，张开翅膀飞离。

为什么蜂鸟能在半空中停留

在鸟类中，有一种十分奇特而有趣的鸟，它的个子非常小，和辛勤的蜜蜂一样，以采集花蜜为生，因此人们把它叫做蜂鸟。

你见过一只蜂鸟平稳地飞在花朵上方停那么一小会儿吗？那几

乎是完全"停"在空中，用它的喙伸进花中，然后突然飞去。

那么蜂鸟到底是停歇在什么上面呢？什么也没有，它真是在半空中停留。由于蜂鸟习惯于吃花蕊中的蜜汁和躲藏在花中心的小昆虫，而这些花儿一般又都太小而且非常娇柔，如果蜂鸟停在花上，花朵就会支持不住它的重量，所以蜂鸟不得不发展它那奇异的翅膀。它那狭长的翅膀每秒钟能急速振动 50—70 次，使人只能够稍稍地看到一片灰雾。它的飞行速度每秒钟可达 50 米，不仅能向前飞，而且能向后倒飞，还能像螺旋桨的叶子那样作圆形飞转。它有时又似一架微型的直升机，能垂直起落，如同倒立的杂技演员那样，垂直定悬在空中，将它的喙伸到花中去取蜜和虫子。

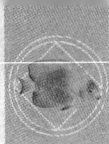

为什么朱鹮被誉为"东方明珠"

朱鹮是一种濒危珍稀鸟类，1981年在我国陕西洋县只发现了7只，同年在日本新潟县也只发现了5只，世界其他地方再未见它的踪迹。

朱鹮不仅是十分美丽的中型鸟，还是传说中的吉祥鸟。它的身长有70—80厘米，全身羽毛远看为白色，近看翅和头是粉红色的，裸露的额顶和面部全是橘红色，眼圈也是粉红色的，头的后方有一撮很明显的披散的细柳叶状冠羽。嘴长，向下弯曲，如同一把短刺刀，是黑色的，而嘴端是红色，腿脚是橘红色的。朱鹮产的卵是蓝灰色的，上面有褐色斑点，也很好看。

朱鹮生活在沼泽地或沙滩溪流附近，白天飞到水田、河溪附近觅食，用它那细长稍弯、坚利的嘴捉小鱼、软体动物和水生昆虫，因而它是水禽。夜间回到高大的青枫树上过夜。

早春二月是朱鹮生儿育女的季节，成对的朱鹮离开越冬时的群体回到繁殖地，占领自己的地盘，选择高大的杨树、松树或板栗树，在树杈上筑巢。产卵后，雌雄鸟轮流孵卵，经过1个月的孵化，小鸟破壳而出，淡灰色的绒羽，橘红色的腿爪，小脑袋瓜上的

嘴巴大张着，急切地等待着双亲的喂养。它们是晚成鸟，喂雏鸟时，双亲把事先吞进自己食囊中的小鱼、软体动物和水生昆虫，经过消化，变成半消化状态的流食，先让第一只出壳的雏鸟把嘴伸进食囊吸食，然后才是第二只、第三只……在双亲的轮流喂养、共同照顾下，雏鸟生长很快，45 天后，雏鸟就能长大离巢，独立生活了。

朱鹮曾经广泛分布在亚洲。但是，近几十年来，由于过度的猎捕，营巢的大树被砍伐，冬季采食的稻田被农药污染，使朱鹮种群数量迅速下降，分布区亦显著缩小，已成为世界上最濒危的鸟类之一了。我们应该很好地保护和人工养育它们，不然，人类将再也看不到这些"东方明珠"了。

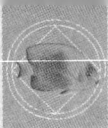

为什么丹顶鹤被称为"神仙伴侣"

丹顶鹤属于鹤形目鹤科，是我国稀有珍属。

古时候，人们常把丹顶鹤当做神仙的伴侣或神仙的坐骑，"仙鹤"之名便由此而来。

丹顶鹤身体高大，直立时 1.3 米有余，素以"三长"而著称，即腿长、脖子长、嘴巴长。它全身几乎都是雪白的，头顶裸出部分为朱红色，看起来好像是一顶红帽子，所以才有"丹顶鹤"之称。它喉、颊、颈部呈暗褐色，两翅中间长而弯曲的飞羽都是黑色的，整个盖在尾羽上，因而常被人们误认为丹顶鹤有一个黑色的尾巴。

丹顶鹤飞行时，头向前探，脚往后伸直，鼓翼缓慢。当鹤群长距离飞行时，常常排成"V"或"Y"字形。远远望去，飘飘然呈现出一副轻逸而潇洒的风姿。

丹顶鹤在繁殖期间，雌雄成双，亲密相处，一同觅食，或成对地站立在浅滩上。它们的"爱情专一，很守贞洁"，从不乱配。如果一只死亡，另一只也不再择偶配对。站立时总是高高立起身体，伸长脖子四下张望，常常站立许久。在此期间，雌雄常常对鸣，此唱彼和，经久不息，鸣声响亮。那是因为它们的鸣管很长，并在胸部弯曲着,像喇叭一样。它们的鸣叫声,可以传到 1000 米以外。

丹顶鹤是我国特产鸟类,寿命长达五六十年,人们把它与松柏并列,称"松鹤延年",作为长寿的象征。我国自古以来就有不少文学作品和美术作品以鹤为主题,称颂它的优美、飘逸、长寿、高雅,也常以鹤为珍贵礼品馈赠别人。

丹顶鹤举止温顺而高雅,为人们所欣赏。因而我国自古以来多喜欢饲养它。

丹顶鹤每年 4—5 月间迁至我国东北,生活于芦苇及其他荒草的沼泽地带。夜间多栖息于四周环水的浅滩上。每当朝夕,丹顶鹤常成对出来觅食,以鱼类、乌拉草、三楞草及芦苇等的幼芽为食,有时也到农田去食种子,食软体动物。夏季常在草丛中捕食蝗

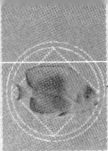

虫等。

丹顶鹤巢多筑于周围环水的浅滩上，密布着高约 1 米的枯草丛中。产卵后即孵，雌雄鸟轮孵，雄鸟主要在白天，雌鸟则在夜间。孵化期为一个月左右。

幼雏大多于 5 月下旬孵出，出壳后即能蹒跚步行。如不惊动，它们很少离巢远去，经四五天后，即能随亲鸟离巢漫游于浅滩或浅水中，觅食鱼类、蝌蚪、昆虫和各种嫩芽等。幼鹤发育很快，至 9 月下旬，体型即可接近成鸟。此时，幼鸟已能独立取食，但在一般下情况，仍不远离亲鸟。

丹顶鹤分布在我国东北中部，黑龙江西部，如泰康、龙江、甘南、泰来等地，部分种群秋季飞往日本过冬。

为什么鸵鸟不会飞

鸟儿能飞需具有两大特点：一是有长有羽毛的翅膀，二是体态轻盈。鸵鸟虽也有用羽毛"武装"起来的流线型的身体，也有翅膀，但它飞不起来。因为鸵鸟的体重达 150 多千克，身长 2 米多，是鸟类中身材最大、重量也最大的，所以它不能在空中飞翔，而只能在地上活动、觅食。久而久之，它的翅膀就退化了。不过，与环

境相适应，它的脚和腿却发达起来，能奔跑如飞，并用脚对付敌害。但是，鸵鸟的翅膀也还是有一定用途的。例如，当它顺风奔跑时，可以张开翅膀，作为"风帆"，借风力助跑，还能遮蔽阳光，保护幼雏，以及扑打翅膀向敌人示威等。

为什么孔雀要开屏

孔雀，因其能开屏而闻名于世。雄孔雀羽毛翠绿，下背闪耀紫铜色光泽。尾上覆羽特别发达，平时收拢在身后，伸展开来长约 1 米左右，这就是所谓的"孔雀开屏"。这些羽毛绚丽多彩，羽支细长，犹如金绿色丝绒，其末端还具有众多由紫、蓝、黄、红等色构成的大型眼状斑，开屏时反射着光彩，好像无数面小镜子，鲜艳夺目。它们身体粗壮，雄鸟全长约 1.4 米，雌鸟全长约 1.1 米。头顶上那簇高高耸立着的羽冠，也别具风度。雌孔雀无尾屏，背面浓褐

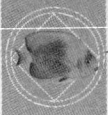

色，并泛着绿光，不过没有雄孔雀美丽。

孔雀双翼不太发达，飞行速度慢而显得笨拙，只是在下降滑飞时稍快一些。腿却强健有力，善疾走，逃窜时多是大步飞奔。觅食活动、行走姿势与鸡一样，边走边点头。

孔雀有绿孔雀和蓝孔雀两种。绿孔雀又名爪哇孔雀，分布在中国云南省南部，为中国国家一级保护动物。蓝孔雀又名印度孔雀，分布在印度和斯里兰卡。蓝孔雀还有两个突变形态：白孔雀和黑孔雀。人工养殖主要指蓝孔雀。它们栖息在海拔 2000 米以下的河谷地带，也有生活在灌木丛、竹林、树林的开阔地的。多见成对活动，也有三五成群的。食物以蘑菇、嫩草、树叶、白蚁和其他昆虫为主。每年 2 月中旬进入繁殖期，每窝下蛋 4—8 枚。

孔雀被视为"百鸟之王"，是最美丽的观赏品，是吉祥、善良、美丽、华贵的象征。有特殊的观赏价值，羽毛可用来制作各种工艺品。而且人工饲养的蓝孔雀，具有高蛋白、低能量、低脂肪、低胆固醇的好处，可作为高档珍馐佳肴。

每年春季，尤其是三四月份，孔雀开屏次数最多，这是为什么呢？孔雀开屏和季节有关吗？

我们知道，能够自然开屏的只能是雄孔雀。孔雀中以雄性较美丽，而雌性却其貌不扬。雄孔雀身体内的生殖腺分泌性激素，刺激大脑，展开尾屏。春天是孔雀产卵繁殖后代的季节。于是，雄孔雀就展开它那五彩缤纷、色泽艳丽的尾屏，还不停地作出各种各样优美的舞蹈动作，向雌孔雀炫耀自己的美丽，以此吸引雌孔雀。待到它求偶成功之后，便与雌孔雀一起产卵育雏。

孔雀开屏也是为了保护自己。在孔雀的大尾屏上，我们可以看到五色金翠线纹，其中散布着许多近似圆形的"眼状斑"，这种斑纹从内至外是由紫、蓝、褐、黄、红等颜色组成的。一旦遇到敌人而又来不及逃避时，孔雀便突然开屏，然后抖动它"沙沙"作响，很多的眼状斑随之乱动起来，敌人畏惧于这种"多眼怪兽"，也就不敢贸然前进了。

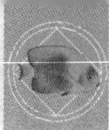

为什么会出现群鸟自杀的现象

在印度东部的阿萨姆邦，有一个叫贾吉格的村落，每年8月末，这里总发生鸟儿集体自杀的怪事。在风雨交加的黑夜，附近农民便从四面八方赶来，举着火把，拿着棍棒进山捕鸟，举行称为"落鸟节"的盛会。

当地"落鸟节"的兴起要追溯到1905年。一个刮着大风的漆黑的夜晚，贾吉格村的村民们举着火把到山里寻找失踪的水牛。突然，只见大群的鸟儿向他们扑来，飞落在火把周围，不愿离去。

村民们高兴极了，他们用棍棒将鸟打死，放在篝火上烤食。接连几天晚上，鸟儿都定时飞来，这一现象几十年不变。村民们认为这是上天的恩赐，便把8月末定为"落鸟节"。

就在大批鸟儿飞向篝火自杀的时候，本地土生土长的鸟儿依然躲在它们自己的巢里酣然大睡。

在我国云南省的一些地区也发生过类似事件。

每年农历八九月间，在月光明亮的夜晚，站在洱源县鸟吊山、巍山县龙关山、新平县者龙山、墨江县丫口、永善县莲峰山上，就会看到成千上万只飞鸟，由西北向南飞去。

在 20 世纪 50 年代以前，上述地区的农民，在云雾蒙蒙的黑夜，便在山上燃起篝火，举着竹竿，当南飞的鸟儿扑向火塘上空盘旋时，就用竹竿将鸟打落。有的鸟还会飞到有灯光的村子里，有的与夜行的汽车相碰。这一年一度的捕鸟称"鸟吊会"、"鸟王会"。

原来，鸟类有不同的迁徙习性，在不同的季节，或南或北，或去或留。每年来去的路线和到达的目的地都是固定不变的。

云南省的地势西北高，东南低，西北部的高黎贡山和玉龙雪山，冬季来临，冰封雪飘，而南部却温暖如春，林木葱葱。这种由西北向东南逐渐暖和的气候特点，是南往候鸟暂时生活的理想环境。

候鸟为什么会准确地知道迁徙时间和飞行方向呢？原来候鸟具有明显的光周期等对其脑垂体等生理机构刺激，使之具有感知季节的变化和辨认方向的能力。

当遇到恶劣天气或黑夜浓雾时，它们难以辨别方向，只好降低高度飞行，或暂停歇于林中等待天明。这时，一旦发现前方有光亮，便急促起程赶路，直向火光扑去，于是不幸葬身火网。印度贾吉格地区的"落鸟节"鸟儿自杀之谜，也基于同样的道理。

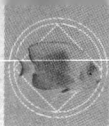

候鸟为什么要渡海

候鸟渡海曾引起许多学者的各种争议，就是到了今天仍是不得其解，但诸家之言也并非全无道理。

英国学者奥烈史有自然淘汰说。树的果实或昆虫到了冬天就会减少，故鸟儿为了寻找更丰富的食料而准备向南方转移。最初只是移至很近的地方，但是飞得愈远者获得的食物愈好。鸟自然领悟了此点，渐渐地延长了移动的距离。所以奥烈史认为鸟类是为了寻求食物才移动的。

另有学者把"渡海"的起源与冰河时代结合在一起说明。按照他们的说法，过去地球有3—4次被大冰河掩盖的时期，此时鸟也随着冰河的成长期及减衰期向南北移动，从而慢慢地养成了渡海的习惯。

还有一种学说与鸟的所谓"趋旋光性"有关，认为鸟喜欢去光线最多的地方，所以在太阳因四季变动而在赤道的南北移动时，鸟也自然跟随。最近洛安通过调查研究得出如下结论：在渡海期之前，鸟因阳光照射时间延长，而在体内积储脂肪，并且因为性荷尔蒙的作用活泼而无法稳定下来，所以鸟儿只能渡海移至别处。

除此之外，候鸟又是依赖什么而能正确地飞往远方目的地的呢？

德国教授克黎玛利用叫做"向星鸟"的鸟做实验后，确认了候鸟决定渡海方向的事实，并于 1950 年发表了这个学说。由此证实了鸟具有与太阳时间、方位有关的感觉，这种感觉被称为"体内时间"。

至于鸟在晚上渡海一事，德国的科学家凭借天象仪通过实验证实鸟可凭借星空判定方向，但是在阴天或没有星星的晚上候鸟该怎么办呢？

瑞士的莎达博士利用雷达进行实验，他在渡海的季节，把雷达指向候鸟渡海路线上经常经过的地点。结果表明，在晴天时候鸟的踪迹总是会通过雷达的涵盖区域，但在云变厚之后这种现象便不再出现，说明了在完全阴天时鸟会迷失方向。

孰是孰非，候鸟专家们仍然在研究，渡海之谜，有待揭晓。

鸵鸟真的胆小吗

多年来，人们总是将鸵鸟称为胆小的动物，因为它遇到危险总是把头颈平贴在地上，然后钻进沙里"掩耳盗铃"。

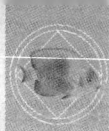

其实，这种看法是不科学的。鸟类学家发现，鸵鸟栖息在非洲热带沙漠草原地区，那里气候炎热，阳光强烈，鸵鸟发现敌害后，虽然可以拔腿快逃，可是，在干燥的环境下奔跑对自己是很不利的。因此，鸵鸟便将长脖子平贴地面，身体蜷曲一团，凭借自己暗褐色羽毛伪装成岩石或灌木丛，加上雾气的掩护，就不易被敌害发现了。尤其是未成年的鸵鸟，常用这种方式逃生。如果此举难以奏效，它们便会在敌害出现时一跃而起，迅速逃离。

鸵鸟的翅膀在进化过程中，逐渐失去了最原始的作用——飞翔，虽然不能飞了，但它跑得却很快。鸵鸟身高达 2.75 米，其步幅可达 8 米，每小时可跑 70000 米，远远超过狮子的最快速度（每小时 60000 米）。

经过 39—42 天的孵化后，小鸵鸟便可从鸵鸟蛋壳中爬出。看管小鸵鸟的任务主要由鸵鸟爸爸承担。除此之外，它还要为小鸵鸟觅食，对它们进行"培训"，而鸵鸟妈妈则负责保护自己的子女。

科学家格日梅克亲眼看见了这样的情景：一只公鸵鸟领着 8 只小鸵鸟及在旁边观察周围动静的母鸵鸟。突然间，一只鬣狗向小鸵鸟们发动袭击。公鸵鸟马上领着"孩子"躲到安全的地方，而母鸵鸟则英勇无比地迎了上去，用脚扑，用嘴啄，鬣狗招架不住，只得连连后退，母鸵鸟也不停"手"，一直追了有大约1000米远。

如今，鸵鸟的羽毛主要用来作为连衣裙、扇子、帽子和戏剧服装的装饰品。

看来，缩头缩脑的鸵鸟还真够大胆，紧要关头，不但毫不畏惧，反而能迎面而上。或许这就是父母之爱的伟大力量。

企鹅为何有翅不能飞翔

古生物学研究表明，企鹅出现在5000万年前的第三纪，但是迄今为止仍未发现4500万年前的企鹅化石，因此，进一步的论证陷入了停滞状态。谈及企鹅的起源，大家都很关心究竟是企鹅的祖先本身就不会飞呢，还是企鹅原本会飞，后来在进化中改变了生存方式？

科学家们指出，企鹅有一个突出的特征，说明它的祖先可能会飞，这就是它的身上存在着尾踪骨。鸟类的祖先是蜥蜴型的，它们继承了一个鞭状的由脊椎骨组成的长尾巴。在进化过程中，受流体动力和运动的影响，鸟的尾骨逐渐缩短，最终缩成一块小的骨节，用来支持呈扇形排列的尾羽，即尾踪骨。从最早的始祖鸟到所有现

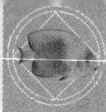

代鸟类都有尾踪骨，企鹅的尾踪骨无疑是其祖先会飞翔的证据。

同时，企鹅的许多特征都表明它的祖先会飞翔。企鹅的鳍翅尽管变成了桨状，但仍属飞翼，这种腕和掌骨形成的联合结构适合于飞羽翮羽的附着，这正是飞翔所必需的结构。虽然企鹅早就没有翮羽了，但支撑翮羽的结构依然存在。不仅如此，企鹅胸骨的许多特征也和飞翔鸟相似，比如有明显的龙骨在企鹅的胸骨处突起，这正是飞翔肌肉所附着的地方。而且，飞翔鸟的小脑很发达，这是由于在飞行中，它们需要迅速调节肌肉的活动及协调身体的动作，而企鹅的小脑也相当复杂而且发达，这也应该是其祖先会飞的一个遗迹吧。此外，企鹅同翅膀发达的飞翔鸟一样，都是把喙插在翅下睡觉的，不会飞的鸟一般不会有这种姿势，这说明必然有某种关系存在于企鹅和飞翔鸟之间。

也有人不同意这种观点。科学家孟兹比尔认为鸟类的起源不是单一的。与鸟类不一样，企鹅是单独从爬行类动物演变来的，它们的祖先并不会飞翔。企鹅的鳍翅是一个爬行类的前肢在水下的直接应用，而不是所谓的翅膀的变异，它并不像飞翔的鸟一样经历过飞翔的阶段。

近年来，在研究南半球的企鹅和北半球的已经灭绝的海鸦的构造之后，鸟类学家们认为企鹅和美洲沿岸发现的海鸦化石之间可能有着密切关系。海鸦化石有 3000 万年的历史，故有的学者提出企鹅起源于北大西洋海鸦，而这些海鸦都不会飞行。海鸦与企鹅的骨骼体形方面有许多相似之处，在适应水面游泳和潜水方面表现得尤为突出。孟兹比尔的理论似乎得到了论证，但仍存在一个问题，就是很难判断它们之间的亲缘关系。因为它们一个位于北半球，一个位于南半球，而且它们的化石几乎是在同一个时代出现的。

撇开以上理论不说，假设现今的企鹅真的是由会飞的海鸟进化而来的，那么，企鹅究竟从什么时候开始不会飞的呢？据说，在距今 2 亿年前，地球上有一个冈瓦纳古陆，它是由若干大陆组成的，后来冈瓦纳古陆开始分裂和解体，从中分出南极大陆，并开始向南漂移。此时，有一群鸟发现漂移的南极大陆是一块生活乐园，于是它们就降落到这块土地上。起初它们生活得很美满，可是随着这块大陆不断南移，气候越来越冷，生活在大陆上的鸟儿们的身体构造也发生了变化，以适应气候的变化。最终，南极大陆盖上了厚厚的冰雪，除了企鹅的祖先，原来种类繁多的生物大批死亡。在冰雪茫

茫的陆地上，它们找不到可吃的东西，只好到茫茫的海洋里去寻找食物。它们的翅膀退化后，就不会飞翔了，也渐渐开始直立行走，经过漫长的岁月，终于演变成现今企鹅的模样。

这种说法也有些科学根据，尽管听起来像故事。在南极洲，古生物学家曾发现类似企鹅的化石，它高约 1 米，体重约 9 千克，或许这个具有两栖动物特征的企鹅化石就是企鹅的祖先。对企鹅起源及其演变的科学解释由于缺乏足够的证据，目前动物学家仍无法完整地揭开这个谜。

鹦鹉都有什么神奇功能

一提起鹦鹉，人们便会想起"学舌"二字。但颇受委屈的鹦鹉，却并未因此而怨声载道，相反，它正在用行动表明自己对人类的其他价值与贡献。

美国鸟类学家伯鲁克指出，鹦鹉的视觉其实比犬更为敏锐，因而它们可以替代犬为盲人引路。经过训练的鹦鹉停在盲人的肩膀上，能使盲人顺利地在马路上行走。此外，鹦鹉的寿命较长，盲人往往终生只需养一只就足够，更何况长期与它为伴，生活会精彩不少。

美国生物学家伊佩尔贝格驯养的一只来自非洲的灰鹦鹉能以哼不同曲子的方式预报天气。比如当它哼施特劳斯的作品时，必定是风雨欲来；当哼起"桑巴"，暴雨即将来临；当它反复哼雄壮的进行曲时，当地人就要预防飓风的袭击。这种特异功能真叫人咋舌。

在古巴有一位已经退休的老船长，家里也养了一只能唱许多曲子的鹦鹉，它也能将天气的变化用固定曲调唱出来。这只鹦鹉充当天气预报员长达50年之久，从来没有失误过。

足球比赛中常常会发生很多暴力事件，为缓和这种对抗激烈的过于紧张的气氛，美国足球裁判卡罗斯邀请出鹦鹉充当裁判。他训练了一只取名"和平"的鹦鹉做自己的"助理"，每次卡罗斯上场执法时，它总是一起进场。当卡罗斯判某队员犯规时，随着他的一个手势，鹦鹉就飞过去在犯规者头上轻轻啄一下，并高声喊："你犯规啦！"顿时，场上笑声一片，犯规者也会面带微笑地向鹦鹉裁判点点头，表示服判。据卡罗斯介绍："有好多次，由于这只'和平'引发的笑声，赛场上一触即发的形势，最后都能化干戈为玉

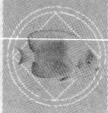

帛。"由于"和平"的特殊贡献，球迷们都尊称它为足球场上的
"和平天使"。

多嘴的鹦鹉为何会如此善解人意，好生令人奇怪。许多科学家
都对此作过很长时间的研究，但迄今为止，仍然无人能够破解鹦鹉
的特异功能之谜。

最大和最小的鸟分别是谁

鸵鸟又称非洲鸵鸟，是目前世界上最大的鸟。由于它体高身
长，善于奔跑，所以能够适应在沙漠荒原中生活。其中最大的雄性
鸵鸟身高2.75米，身长2米左右，体重约160千克。雄雌鸵鸟的
翅羽和尾羽都是白色的，体羽毛色多样。头部羽毛稀少，颈部几乎

鸵鸟的两腿长而有力，行走迅速。尽管两翼已经退化，而且躯体肥大，不能飞翔，但它有相当发达的副羽，奔跑时靠鼓翅扇动相助，一步可达 8 米，在一刻钟或半小时内能毫不费力地增速到 50 千米/小时，最快可达到 70 千米/小时，奔跑得比快马还要快。

世界上最小的鸟类是蜂鸟，它主要分布在南美洲和中美洲的森林地带，和蜜蜂差不多大小，体长不过 5 厘米，体重仅 2 克左右。由于它飞行采蜜时能像蜜蜂一样发出嗡嗡的声响，所以被称为蜂鸟。

蜂鸟种类多达 300 种，羽毛非常鲜艳，呈黑、绿、黄等十几种颜色，所以有"神鸟"、"彗星"、"森林女神"和"花冠"之称。

蜂鸟身体娇小，羽毛华丽，飞行本领高超。它的翅膀每秒钟能振动 50—70 次，飞行时速可达 50 千米，高度有四五千米。人们常常能听到它飞行的声音，却看不清它的身影。不可思议的是，蜂鸟心跳每分钟可达 615 次。蜂鸟不仅飞行速度快而且还能飞得很远。有一种红胸蜂鸟，每年两次飞渡墨西哥海湾，飞行八百多千米也不间断。

拥有最大和最小鸟蛋的鸟分别是谁

鸵鸟的鸟蛋是现存鸟类中能够产下的最大的蛋。每只蛋平均重162.9—110克，直径达15.24—20.3厘米，放到开水里煮40分钟才能煮熟。蛋壳虽然只有1.6毫米厚，但它却能够支撑一个体重127千克的人而不会破碎。

牙买加的马鞭草蜂鸟所产的蛋是世上最小的蛋。一般蛋的长度不足1厘米，重量仅有0.36—0.37克。最小的鸟——蜜蜂鸟所生的蛋仅重0.5克，只比马鞭蜂鸟稍重一点。不过，还没有把它在成熟以前从输卵管排出的畸形蛋计算在内。

谁是鸟中的飞行冠军

军舰鸟是大型热带海鸟的一种。据目前所知，全世界有5种，主要生活区域是太平洋、印度洋的热带地区，也有少量分布在中国的广东、福建沿海及西沙、南沙群岛地区。

军舰鸟全身羽毛呈黑色，还有蓝色和绿色光泽相间其中，喉囊、脚趾则为鲜红色。雌鸟下颈、胸部呈白色，而羽毛缺少光泽。军舰鸟胸肌发达，善于飞翔，是鸟类中的"飞行冠军"。它的两翅若展开足有2—5米长，捕食时的飞行时速可达400千米左右，堪称世界上飞行最快的鸟。它不但能飞达约1200米之高，而且还能不间歇地飞行一千六百多千米之远，最远时可达四千千米左右。有人曾看见军舰鸟在12级的狂风中临危不惧，上下翻飞。

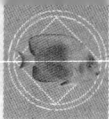

鸟类为什么要在隐蔽处筑巢

人们常会在树尖、高楼檐下发现鸟巢，为什么鸟要费尽心机地把巢建在那么高的地方呢？

有些初孵出的雏鸟已发育健全，这些鸟往往不需要筑巢。矶鹬和鸻在浅洼中下蛋；鸵鸟则选择较深的土坑；白燕鸥把蛋粘在树枝上；皇帝企鹅将蛋放在双脚上。

鸟类筑巢，作用在保护蛋及雏鸟免受严寒酷暑之侵，孵卵期间更可保持母体的体温。在成鸟严密的守护下，雏鸟可于未能独立生活时在巢内安全成长。鸟类中很多都由雄鸟在其地盘内选择筑巢地点，而雌鸟则通常负责筑巢。知更鸟和红翼鸟等的雌鸟完全负起择点和筑巢的工作。不过，许多种鸟还是合力筑巢的。如雄鸽收集材料，由雌鸽堆砌；雌雄渡鸦一起收集材料，由雌鸟搭巢。啄木鸟和翠鸟是雌雄一同挖穴，天鹅和猛禽也是雌雄合力筑巢的。鸟类多数都用植物来做建巢材料。树木茂密地区提供各式各样的筑巢材料，像树枝、树根、树皮等。蜂鸟用地衣造巢。一种亚洲鸣禽缝叶莺先择树枝上的大叶，把叶边缝合起来做巢。在草地上造窝的雀鸟如篱雀和食米鸟，用稻草和杂草造窝。潜鸭、骨顶鸡和鹧鸪等水禽，则用水生植物造窝。

鸟类还会利用其他天然物质以及人造材料结巢，包括羊毛、羽毛和蛛网。燕子和火鹤则用泥，北美烟囱燕用唾液把窝粘牢。此外，鸟类也经常利用破布、碎纸和塑料制品筑巢。

很多鸟性喜在人类住所结巢。在欧洲，鹳常栖于烟囱顶上。雨燕往往舍弃天然的峭壁缝隙，宁愿住在烟囱里。鸽子也早已放弃悬崖峭壁，改在建筑物的檐架筑巢。猫头鹰的巢往往筑在壳仓及钟楼上。燕子及京燕常在桥下或屋梁上结巢。家麻雀也多在住宅里筑巢。

许多洞居的雀鸟喜欢住在鸟屋中，如蓝知更鸟、鸲，甚至某些野鸭等。鹪鹩更是无孔不入，生锈铁罐、废弃的花盆、挂起来的破鞋等，全都可做窝，可以说很善于利用废物。过去在印第安人的村

落里，美洲紫燕常在树枝上的空葫芦里栖止。这种紫燕是最能捕食害虫的益鸟，因此在北美各地大受欢迎。居民往往在高柱上特别盖个适合鸟儿栖息的"小公寓"，供紫燕居住。

在澳洲及其附近的岛屿上，有一种巨足鸟，性喜把蛋埋在土墩里，所以又叫营冢鸟。雏鸟初孵出，即自行钻出来，独立生活，恐怕这是世上唯一与双亲毫无接触的鸟。

营冢鸟埋蛋的土墩用树叶和泥土堆砌，有时颇大。营冢鸟可分三种：莱氏营冢鸟、白斑营冢鸟及东澳洲大营冢鸟。莱氏营冢鸟的土墩可阔4.57米，高3.05米，长18.29米。阳光和腐叶产生的热力，促进胚胎发育。营冢鸟蛋的孵化期很长（可长达8个月），其间成鸟不时挖开土墩直达埋蛋处，用喙控测温度。雄白斑营冢鸟监察土墩温度最辛勤。温度太高时要不断地把沙土挖开，让土墩变凉一些；如果温度太低，又得把沙土堆回去，务求温度维持在华氏92度左右。

鸟巢之中，大概以杯状的最普遍。知更鸟、燕雀及大多数陆栖小鸟都造这种巢。建筑杯状巢只须材料坚实，不必编织。

知更鸟的巢由雌鸟筑成，雄鸟只专门寻觅材料。一根大横枝、一个树丫或附近突出的岩架，都是筑巢的理想地点。雌鸟开始时先在那里来回蹲伏旋转，勘察一番，有时要试上几处才行。它喙脚并用，以较大的树枝和草秆先做支架，然后站在当中，用周围较纤细的材料做巢壁，以胸脯及翅膀把材料压成杯形，又在里面铺上泥和草，最后再铺一层柔软的干草。造一个巢大致需时6至20天。超过95%的海鸟及15%的其他鸟都性喜群居。群居使雌鸟和雄鸟容易接触和交配。在邻近同类的呼唤和求爱行为刺激下，鸟儿纷纷在几天内觅偶交配、筑巢繁殖。这样雏鸟几乎同时孵出，即使猛禽来袭，也不至于一下子把所有雏鸟吃掉，雏鸟的生存率因而较高。鸟类群居，可让失去配偶的很快另择配偶替补，也有助于找寻食物来源。群居更有利于共御外敌，例如要驱逐入侵者，成千上万只燕鸥或鸥往往会一齐飞起来迎敌。

保护雏鸟免遭其他鸟、蛇或哺乳动物袭击，对任何鸟来说都是十分重要的，因此必须小心选择筑巢的地点。许多鸟借树叶来掩饰，或把巢筑在洞穴里。把巢筑在敌人难以靠近的地方也有防御作用。这样，天敌只能"望巢兴叹"了。

渡渡鸟灭绝为什么会导致大颅榄树绝育

渡渡鸟于1681年灭绝。

渡渡鸟是一种不会飞的鸟，仅产于非洲的岛国毛里求斯。肥大的体型总是使它步履蹒跚，加上一张大大的嘴巴，使它的样子显得

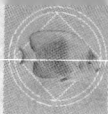

有些丑陋。幸好岛上没有它的天敌，因此，它安逸地在树林中建窝孵卵，繁殖后代。

16 世纪后期，带着来复枪和猎犬的欧洲人来到了毛里求斯。不会飞又跑不快的渡渡鸟厄运降临了。欧洲人来到岛上后，渡渡鸟就成了他们主要的食物来源。从这以后，枪打狗咬，鸟飞蛋打，大量的渡渡鸟被捕杀。就连幼鸟和蛋也不能幸免。开始时，欧洲人每天可以捕杀到几千只到上万只渡渡鸟，可是由于过度的捕杀，很快他们每天捕杀的数量越来越少，有时每天只能打到几只了。

1681 年，最后一只渡渡鸟被残忍地杀害了，从此，地球上再也见不到渡渡鸟了，除非是在博物馆的标本室和画家的图画中。

奇怪的是，渡渡鸟灭绝后，与渡渡鸟一样是毛里求斯特产的一种珍贵的树木——大颅榄树也渐渐稀少，似乎患上了不孕症。本来渡渡鸟是喜欢在大颅榄树的林中生活，在渡渡鸟经过的地方，大颅榄树总是很繁茂，幼苗茁壮。到了 20 世纪 80 年代，毛里求斯只剩下 13 株大颅榄树，这种名贵的树眼看也要从地球上消失了。

大颅榄树的状况使科学家们深感焦虑，抢救大颅榄树成了一个紧张的课题。科学家们通过种种实验与推想进行分析研究，可是几年过去了，没有任何进展。1981 年，美国生态学家坦普尔也来到毛里求斯研究这种树木，这一年正好也是渡渡鸟灭绝 300 周年。坦普尔细心地测定了大颅榄树的年轮后发现，它的树龄正好也是 300 年，就是说，渡渡鸟灭绝之日也正是大颅榄树绝育之时。

坦普尔通过细致的研究发现，在渡渡鸟的遗骸中有几颗大颅榄树的果实，原来渡渡鸟喜欢吃这种树木的果实。最后坦普尔推断出，大颅榄树的果实被渡渡鸟吃下去后，果实被消化掉了，种子外边的硬壳也被消化掉，这样种子排出体外才能够发芽。最后科学家让吐绶鸡来吃下大颅榄树的果实，以取代渡渡鸟，从此，这种树木终于绝处逢生。原来渡渡鸟与大颅榄树相依为命，鸟以果实为食，树以鸟来生根发芽，它们一损俱损，一荣俱荣。

恐鸟为什么会灭绝

恐鸟于 1800 年灭绝。

恐鸟曾是新西兰众多鸟类中最大的一种，平均身高有 3 米，比现在的鸵鸟还要高，恐鸟除了腹部是黄色羽毛之外，其他部位全部

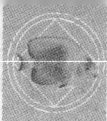

是黄黑色相间。虽然恐鸟的上肢和鸵鸟一样已经退化，但它的身躯肥大，下肢粗短，因此奔跑能力远不及鸵鸟。恐鸟与鸵鸟的最大区别是：它的脖子有羽毛覆盖，而鸵鸟的脖子是秃裸的，并且比恐鸟的脖子要长。恐鸟是三根脚趾，而鸵鸟是两根脚趾。

恐鸟在生活中是一夫一妻制，它们可以共同生活终生或者在其中一只死去后，幸存者才去另寻配偶。它们以夫妻为单位终年栖息在新西兰南部岛屿的原始低地和海岸边林区草地里，以浆果、草籽和根茎为食，有时也采食一些昆虫。由于恐鸟身体庞大，需要大量的食物，因此每对恐鸟都有着自己大片的领地。恐鸟生活区域人烟稀少，食物充足，并且没有天敌，只有少数土著人猎杀恐鸟为食，但土著人的原始狩猎方式并没有给恐鸟群体以致命打击，因此，直到18世纪初，仍有许多恐鸟在这里安逸地繁衍生息着。

18世纪中期，欧洲移民来到岛上，给恐鸟带来了厄运。恐鸟肉对于欧洲移民来说是美味佳肴。由于恐鸟不知道躲藏，欧洲人很容易捕捉到它们，经常一下子就能捕杀十几只，恐鸟肉一时成了这些欧洲移民的一项重要的肉食来源。同时由于欧洲移民的到来以及当地土著人的不断增加，开始了大面积烧荒、垦荒。恐鸟的生存地遭到了彻底破坏，恐鸟因失去立足之地而大量饿死，同时，由于恐鸟破坏庄稼，当地人为了保护庄稼大量捕杀恐鸟。与欧洲人一起来到岛上的家犬和家鼠也成了恐鸟的天敌，它们同样给恐鸟以致命打击。到了 18 世纪后期，恐鸟的数量已经很少了，人们捕捉恐鸟也越来越难了，而 1800 年则是人们能捕捉到恐鸟的最后一年。

沙漠鸟类如何避荫

很多种禽鸟都能抵受沙漠的酷热，但其中多数为了要喝水，就必须生活在近水的地方。

多数沙漠禽鸟，除了颜色稍淡之外，大致上都跟其他在潮湿气候地区生活的同类没有什么区别。数量最多的沙漠禽鸟都以昆虫为食，但也有吃种子或食肉的。

食肉鸟和吃昆虫的鸟，都能从食物中吸取相当多水分，但和吃种子的鸟一样，它们很少会远离水源超过一天飞行路程的地方。禽鸟体内的水分蒸发比同样大小的哺乳动物快，尤以小雀鸟为甚。鸟没有汗腺，体内水分大都在喘气中散失。它们的体温比哺乳动物

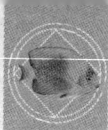

高，通常在摄氏 40—42 摄氏度之间，因此呼出的空气较暖，所含的水分也较多。

特别能适应沙漠生活的鸟，是长尾野鸽。它们忍受酷热和脱水的耐力，以及长途飞行而不需喝水的本领，很少有其他禽鸟堪与匹敌。大多数沙漠禽鸟都属昼行性，即在日间活动。为了躲避正午的酷热，它们会随处利用任何遮隐的地方。鸮和欧夜鹰只在夜间活动，白天就藏匿在岩石的隙缝里。它们的尿是一种复杂的晶状体，只含少量水分。

沙漠禽鸟在排泄物中排出很少水分。

有些沙漠中的禽鸟，甚至能以咸水代替淡水，这种本领在陆上禽鸟中，非常罕见。毛腿沙禽以含盐的肉茎植物为食，是其中一例。另一种能喝咸水的是驼鸟。驼鸟像海鸟一样生来鼻腺很大，能把多余的盐分排出，也能抵受脱水及体温增高。

沙漠并没有多少阴凉的地方，而且天气干燥酷热，足以影响多数禽鸟的繁殖习性。它们所产的卵，尤其是小雀鸟的卵，在烈日直接照射下，可被灼熟。有些禽鸟能在最恶劣的环境下繁殖，例如非洲的灰隼及双环燕行鸟。但也有很多禽鸟每逢旱年便不繁殖，例如红喙织巢鸟。

禽鸟在沙漠上只要找到隐蔽之处，便可在那里筑巢繁殖。云雀筑巢的地方，主要是在灌木及矮树丛下；麦鹅在小山洞或石洞中营巢，而甘氏鹌鹑则在名叫霸户树的多刺仙人掌之下营巢。

加利福尼亚州及亚利桑那州的一些沙漠禽鸟，就在仙人杵上现成的洞里居住。这些洞多半是希拉啄木鸟和金翼啄木鸟筑成的。啄木鸟在仙人杵的干上先啄出信道，然后在信道的末端挖个圆形小室，内壁涂上一层不透水的仙人杵树汁。啄木鸟被掠夺巢洞后，鬼面鹗、仓鹗、美洲雀鹰等禽鸟，便会进入这现成的居所。另一种居于此种啄木鸟巢的鸟是奴氏斑羽夜鹰。

鸟类为什么要群栖

在英国著名电影导演兼制片人希区柯克主持拍摄的科教影片《群鸟》里，成千上万只鸟类在空中齐飞，曾使不少观众感到惊讶。事实上，有许多鸟类学家和其他有关的科学家，都在探索鸟类群栖之谜，并且已经取得了可喜的成绩，不过有的问题尚有争议。

有一种看法是，鸟类的群集可以形成信息中心。在辽阔的鸟类栖息地区，只有群集的鸟类才能够更有效地发现密密麻麻的大量昆虫、鱼群、成熟果子、混杂种子和死动物躯体等食物。因为在成群觅食的鸟类中，只要有几只鸟，甚至一只鸟找到了食源之后，其他鸟就会很快地得到信息，从而被诱集起来，而且数量越聚越多。而对于独栖或少栖鸟类，觅食如大海捞针一样困难。至于鸟类之间靠什么来传递信息呢？有的科学家认为鸟类不会打嗝，也不会拍动它

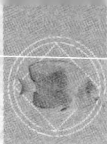

们肚子里的美餐示告于众，所以至今还是个不解之谜。另一些科学家认为，鸟类可以用视力发现同类寻得食物的信息。

"信息中心"的第二个作用是传递敌情。群栖鸟类在觅食、飞行和休息的时候，只要其中有一只鸟，或者几只鸟发觉了敌害，它或它们会立即惊叫，通报其他鸟"有敌害来临，赶快飞逃"的信息。在大自然里，人类、野兽和猛禽等都是鸟类的敌害，所以"信息中心"对鸟类生存有积极的意义。

另外，鸟类在集群飞行时，能够迷惑敌害，使它们眼花缭乱，无从下手。

美国生物学家巴巴拉·库斯于20世纪70年代末80年代初，在加利福尼亚州北部的博利那斯环礁湖岸观察鹬科鸟类时，目击了一种名叫灰背隼的猛禽袭击它们共达689次之多。她发现，被袭击

的几乎都是单只飞行的鸟，很少是十来只群飞的鸟，超过500只的集群鸟没有被袭击过一次。另一位生物学家在近马萨诸塞州的南博罗地区，观察到一只鸡鹰猛禽袭击一群25只雪松太平鸟。在15分钟内，这只鸡鹰明显出击正在混乱飞行的雪松太平鸟5次，鸡鹰每次出击，太平鸟互相集中。最后，受挫的鸡鹰因得不到美餐，只好放弃追逐，飞离而去。为此，加利福尼亚大学生物学家威廉·汉密尔顿认为，在空中飞行的群鸟比单独孤飞的鸟不易被敌害袭击只是个几率问题。同是一次袭击，一只鸟在群体中被伤害的可能性自然要小得多了。

还有一些科学家认为，鸟多势大同时有惊离敌害的作用。例如，一些捕食小鸟的猫头鹰，在成群小鸟共鸣之中，它们不仅不敢下手，相反会被群鸟吓跑。

还有一种看法是，鸟类的群栖行为是为了保护"年长者"。

国际上有不少鸟类学家在研究鸟类的群栖行为。他们发现这一行为对年长的鸟类是安全的，而对年幼的鸟类却是危险的，因而提出"保护老鸟"理论。为了说明这一理论，还得从鸟类的群栖位置上谈起。

根据美国鸟类学家韦瑟黑德博士的分析，鸟类在陆上的群栖位置可以归纳为垂直和水平两种主要形式。从科学家对澳大利亚的彩虹鹦鹉以及英国的东洛锡安、苏格兰的秃鼻乌鸦观察表明，它们都以垂直方向群栖，年长的鸟停息在高处，不易被陆生敌害袭击，而年幼的鸟停栖在低处，容易遭到敌害的捕食。而生活在美国得克萨

57

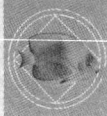

斯州的里斯大学校园里栎树上的棕头椋鸟，以及加拿大渥太华的一个公园中香蒲上的红翅鸫，都是以水平方式群栖的，年老的鸟在内层，年幼的鸟在外层，所以首先被敌害袭击的是后者，前者显然比较安全。丹麦的鸟类学家研究本国群栖燕子时也发现，老燕子比小燕子处于优势地位，可以减少或避免敌害的袭击。

这些发现，勾起了科学家们的奇想：难道鸟类也有人类那样的敬老行为，还是老谋深算的年老鸟自己先抢"安全地"呢？真是神秘莫测。

除了以上这些理由，大家公认的是，鸟类在结群飞行时能够节约能量。

鸟类在结群单列纵队飞行时，能够划开空气，形成一条飞行"跑道"。在这条跑道上产生一种部分真空或滑流，使后面的极大多数鸟类减少空气阻力，容易前进。如果鸟类群飞以摇晃的"V"字形式，它们的翼梢在气流离开其邻近飞鸟的翅翼时，会产生上升的旋流，这样能大大节约能量。科学家们曾计算，摇晃的"V"字形式群飞鸟类比单只鸟拍翅飞行可节约能量70%。科学家把这种形式的节能飞行，称为鸟类的"廉价飞行"，并认为它们在廉价飞行中还交换信息——"彼此谈话"。

哪些鸟会唱歌

鸣禽最引人注意的地方可能是种类十分繁多。全世界的鸟类中它们几乎占一半（约4000种），因有特殊的发声构造而被列为鸣禽。不是每种鸣禽的歌喉都很动听，有些甚至完全不会唱歌。例如，乌鸦最多也只能发出低沉而嘶哑的哇哇声。

鸣禽种类繁多：有身长达24英寸的渡鸦，也有仅长3英寸的啄花鸟，还有十分艳丽的莺、斑斓如彩虹的太阳鸟等等。但不管怎样，只有河鸟善水性，其余的都是陆鸟；除鹛等在树洞内营巢外，大多数鸣禽的巢均呈杯状或篮状，筑在树林或灌木丛中，有时也筑在地面隐蔽的地方。

鸣禽能用足爪抓住树枝不跌，所以又称为栖木鸟，其秘诀在于足趾的构造。知更鸟和别的鸣禽有四趾，三趾向前伸，最有力的第四趾向后伸出。从半空落到枝上时，后趾自下向上抓握树枝，同时足腱自动拉紧全部足趾，这样就可避免从栖枝跌下。

除在树上外，鸣禽也能在其他地方栖息。足部纤细的燕子偏爱栖于高架电线上，野云雀在篱笆上唱歌，沼泽鹪鹩在摇晃不定的芦苇上平衡身体。在地上行走的鸟如鹨和角百灵，足趾比典型栖木鸟

59

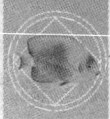

长，足爪也较直，攀附树皮的鸟如鹏和旋木雀，爪结实而弯曲。河鸟的足爪善于抓物，能在水下光滑的礁石上行走。

人们一向认为夜莺的歌声是鸟类中最悦耳的。夜莺背褐腹白，是欧洲鸫科的一种，这一科的鸟都是著名的鸣禽。夜莺不分日夜引吭高歌，歌声圆润流畅，有时也有点刺耳。险居鸫的歌声响遍北方森林，婉转如长笛，可媲美夜莺。

夜莺和云雀备受诗人的赞美。雪莱称云雀为"快活精灵"，华兹华斯则誉之为"天上歌手"。云雀以悦耳的旋律传至大地，垂直飞升时不停地歌唱，振翼盘旋时歌唱，降落时又歌唱。在英国，旷野和草原的上空有时满布云雀，全在同一时间发出悦耳的歌声。北美洲野云雀与云雀的亲缘关系，比鸟鸫与云雀更近，它们嘹亮而哀怨的歌声十分动人。

金丝雀在16世纪从加那利群岛引进欧洲。这种野鸟背部羽色浅绿，有暗绿色条纹，腹部则为黄绿色，不大像今天家庭饲养的金丝雀。这是因为经过人工配种后，金丝雀增添了多种颜色（包括常见的鲜黄羽毛）及各种漂亮的羽冠和颈羽。

人类用笼养的鸟中，来自非洲、亚洲及澳洲的燕雀，足可与金丝雀媲美，羽毛颜色和花样，极其繁多。斑纹雀的羽色暗淡，红尾鸲、双点雀和梅花雀有灿烂的红羽，而草丛燕雀身上则兼有红、黄、蓝三色。这些鸟永远不会变得很驯服，而且吱吱地唱的歌声微弱得几乎听不见，但其生性活泼，还算逗人喜爱。反舌鸟又称模仿鸟，因其仿声能力而得名。在鸟类之中，它的模仿本领可算首屈一指。根据鸟类学家的记录，模仿鸟至少能模仿 30 种鸟鸣声、其他动物的叫声和机器声。模仿鸟本身也有咕噜咕噜的歌声，像夜莺一样，不分昼夜地唱歌，通常每句歌声重复三四次，才转到下一句。澳洲的斑点造图鸟也善于模仿，歌调同样多变。

对大多数人来说，鸣禽有悦耳的歌喉、美丽的羽毛和有趣的习性，已经非常引人入胜，但鸣禽还有其他更实际的好处。美洲热带地区吃花蜜的蜜鸟、澳洲的吸蜜鸟和非洲的太阳鸟，在花间穿插时传授花粉，还有太平鸟之类吃过浆果后散播种子，可以帮助植物繁殖。蓝背鸟爱埋藏橡实，无形中种植了橡树。

鸣禽虽偶尔侵害果实和其他农作物，但其消灭害虫的贡献足以抵消过失。家燕吃掉大量蚊、蝇，野云雀和食米鸟以蚱蜢果腹，树莺在叶丛中搜索嚼叶的昆虫，美洲山雀在树皮中寻找虫卵。毛虫是山雀吃的食物，黄鹂甚至吃舞毒蛾的毛茸茸幼虫。欧椋鸟不整洁的巢为人所诟病，但它常常在草地上搜索日本小甲虫及其他害虫的蛆。

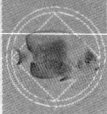

你知道鸟类中有哪些食肉猛禽吗

鹰隼之类的食肉鸟体型差别极大，其中以亚洲森林的小隼最小，体重超过 15 磅，南美的角鹰最大，大多数品种的雌鸟体型比雄鸟大。

食肉鸟的体型差异如此大，可想而知它们有各自不同的捕食方式，以取得不同的食物。捕食陆上动物的鹰常停留在高墙、电线杆、突出的树枝等高处，伺机觅食，一见地上有小生物移动，便会俯冲而下攫住猎物。茶隼和多数其他在草原上捕食的猛禽在上空盘旋侦察猎物。鹭通常在高空翱翔时找到食物，金鹭则静悄悄地等待囊鼠或草原犬鼠从地洞爬出时捕食。停在树枝上的八角鹰留意飞回地下巢穴的黄蜂，然后把蜂巢挖出来吞吃幼虫。所有食肉鸟，包括猫头鹰、鹰及其近亲，视力全都极为敏锐，脚上长有利爪可以抓攫猎物，其钩状的喙边，更是锋利无比，能撕开动物的皮肉。隼的喙边长满小齿，可以轻易咬断小鸟和小啮齿动物的颈项。以蜗牛为食的鸟长有细长钩状的喙，可从蜗牛壳中挖取其肉。鹗的脚掌粗糙不平，能牢牢抓住滑溜的鱼。

鹗又名鱼鹰，喜欢在水面上空翱翔捕食，有时拍翅在半空盘

旋，发现有鱼游近水面，便张开翅膀，两脚前伸，俯冲而下，必要时纵身钻进水中捕鱼，溅起一大片水花。鹗用利爪抓着猎物的头部飞出水面，拍拍沾湿了的羽毛，飞向经常栖息的树上大快朵颐。不过鹗的捕获物也常被其他食肉鸟掠夺——包括北美的秃鹫和非洲及亚洲的鱼鹫。

日间活动的食肉鸟分别喜欢在两种极不相同的环境中生活。在189种鹰、鹫和隼中，有112种常栖息于热带稀树草原上，非洲东部和南美的广大地区，是它们栖息的地带。热带稀树草原上的猛禽有食蛇鹫、非洲苍鹰等。食蛇鹫外貌奇特，腿长，头顶有黑冠。苍鹰在繁殖季节会高踞树顶上唱出悦耳的歌声。热带森林的食肉鸟也很多，仅次于热带稀树草原，食蝠隼和食猴鹫等都在此栖息。热带森林的食肉鸟甚少飞出茂密的森林外，但也有少数在森林外围或在树顶上空飞翔觅食。

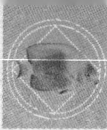

食肉鸟并不是全部都在荒野出没，有些在农庄周围一带栖息，捕食害虫造福农家。隼多在欧洲、非洲和亚洲的城市捕食小动物。一只游隼在加拿大蒙特利尔市一座保险业大厦巢居达12年之久，成为佳话。猛禽之中，以专吃腐肉的最能够适应城市环境。这些鸟虽没有捕杀猎物的习性，但是和其他捕食的鸟十分相似，所以列为食肉猛禽。印度许多城市常有一群群专吃腐肉的秃鹫和鸢出没，首都新德里被公认为是最多食肉猛禽繁殖的一处地方，据估计现在有黑鸢二千四百多对。相信黑鸢是猛禽中数量最多的一种。鹰、鹫及隼求偶的方式花样百出，例如雄鸟或雌雄二鸟在空中翱翔、叫唤，以至作出一连串耍杂技般的向上和俯冲的飞行动作。在一种上下起伏飞翔的表演中，雄鸟双翼半合向下俯冲，然后又猛拍翅膀飞升至原来的高度，也有雌雄二鸟双双反复地上下飞翔。

最可观的表演是翻筋斗，即螺旋翻滚，雄鸟从高处冲向雌鸟，迫使雌鸟翻身，露出其爪，一对鸟于是互相钩着爪在空中旋转而下，同时不断一起翻滚。

隼可以在光秃的悬崖上将就栖身，其他的猛禽则会筑某种形式的巢。在有树木的地带，巢多筑于树上，没有树木，猛禽会在地上造窝。巢的构造也各有不同，一些较小的猛禽如长腿鹰的巢是用树枝树叶胡乱搭成的，只供度过一季之用；鹫和鹗的巢则用长年累月采集的大堆树枝来筑造。

猛禽通常每窝只下1至2枚蛋，最多也不会超过4枚。较大的一窝蛋每枚相隔2天至4天才能全部生下来。雌鸟下蛋后先孵初生的那枚蛋，因此孵出的雏鸟体型大有区别。第一只孵出的雏鸟要比其他的较为占优，因为亲鸟最先喂饲那只体型较大、会频频索食的长雏，其他的幼雏往往完全被忽视，体质较差的甚至会饿死。不过，骨肉相残才是雏鸟死亡的主要原因。长雏残酷地攻击幼小的，常把它们逐出巢外，亲鸟也不阻止。对一些面临绝种的猛禽如欧洲白尾鹫，自然资源保护论者深表关注，常把稍迟孵出的幼雏放进其他没有幼雏的猛禽巢中寄养，等幼鹫羽翼渐丰，才送回亲鸟处。如一切顺利，鹫的数目会倍增，一些并非每年繁殖的大猛禽可免绝种。

鸟类虫鱼

昆虫篇

怎样识别昆虫

虫和其他生物一样，有着自己特殊的分类位置。它在动物界中属于节肢动物门中的昆虫纲。其主要特征如下：

（1）身体的环节分别集合组成头、胸、腹三个体段；

（2）头部是感觉和取食中心，具有口器（嘴）和 1 对触角，通常还有复眼及单眼；

（3）胸部是运动中心，具 3 对足，一般还有 2 对翅；

（4）腹部是生殖与代谢中心，其中包含着生殖器和大部分内脏；

（5）昆虫在生长发育过程中要经过一系列内部及外部形态上的变化，才能转变为成虫。这种体态上的改变称为变态。

因此，昆虫的基本特征可以概括为："体躯三段头、胸、腹，

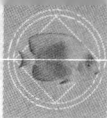

两对翅膀六只足；一对触角头上生，骨骼包在体外部；一生形态多变化，遍布全球旺家族。"

有了昆虫的概念，我们不难辨别出虽然蜘蛛、蝎子的身体分为头胸部和腹部两段，还长着 8 条腿，但是它们不是昆虫。蜈蚣、马陆的腿就更多了，几乎每一环节（体节）上都有 1—2 对足，所以，它们就更不是昆虫了。

昆虫生活在哪些地方

昆虫种类这么多，因此，它们的生活方式与生活场所必然是多种多样的，而且有些昆虫的生活方式和生活本能的表现很有研究价值。可以说，从天涯到海角，从高山到深渊，从赤道到两极，从海洋、河流到沙漠，从草地到森林，从野外到室内，从天空到土壤，到处都有昆虫的身影。不过，要按主要虫态的最适宜的活动场所来区分，大致可分为五类。

1. 在空中生活的昆虫

这些昆虫大多是白天活动，成虫期具有发达的翅膀，通常有发达的口器，成虫寿命比较长。如蜜蜂、马蜂、蜻蜓、苍蝇、蚊子、牛虻、蝴蝶等。昆虫在空中活动阶段主要是进行迁移扩散，寻捕食物，婚飞求偶和选择产卵场所。

2. 在地表生活的昆虫

这类昆虫无翅，或有翅但已不善飞翔，或只能爬行和跳跃。有些善飞的昆虫，其幼虫期和蛹期也都是在地面生活。一些寄生性昆虫和专以腐败动植物为食的昆虫（包括与人类共同在室内生活的昆虫），大部分在地表活动。在地表活动的昆虫占所有昆虫种类的绝

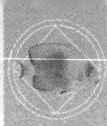

大多数，因为地面是昆虫食物的所在地和栖息处。这类昆虫常见的有步行虫（放屁虫）、蟑螂等。

3. 在土壤中生活的昆虫

这些昆虫都以植物的根和土壤中的腐殖质为食料。由于它们在土壤中的活动和对植物根的啃食而成为农业、果树和苗木的一大害。这些昆虫最害怕光线，大多数种类的活动与迁移能力都比较差，白天很少钻到地面活动，晚上和阴雨天是它们最适宜的活动时间。这类昆虫常见的有蝼蛄、地老虎（夜蛾的幼虫）、蝉的幼虫等。

4. 在水中生活的昆虫

有的昆虫终生生活在水中，如半翅目的负子蝽、田鳖、龟蝽、划蝽等，鞘翅目的龙虱、水龟虫等。有些昆虫只是幼虫（特称它们为稚虫）生活在水中，如蜻蜓、石蛾、蜉蝣等。水生昆虫的共同特点是：体侧的气门退化，而位于身体两端的气门发达或以特殊的气管鳃代替气门进行呼吸作用；大部分种类有扁平而多毛的游泳足，起划水的作用。

5. 寄生性昆虫

这类昆虫的体型比较小，活动能力比较差，大部分种类的幼虫都没有足或足已不再能行走，眼睛的视力也减弱了。有些寄生性昆虫终生寄生在哺乳动物的体表，以吸血为生，如跳蚤、虱子等。有的则寄生在动物体内，如马胃蝇。另一些昆虫寄生在其他昆虫体内，对人类有益，可利用它们来防治害虫，称为生物防治。这些昆虫主要有小蜂、姬蜂、茧蜂、寄蝇等。在寄生性昆虫中，还有一种叫做重寄生的现象。就是当一种寄生蜂或寄生蝇寄生在植食性昆虫身上后，又有另一种寄生性昆虫再寄生于前一种寄生昆虫身上。有些种类还可以进行二重或三重寄生。这些现象对昆虫来说，只是为了生存竞争的一种本能。

你知道昆虫的种类和数量吗

全世界的昆虫有 1000 万种，约占地球所有生物物种的一半。但目前有名有姓的昆虫种类仅 100 万种，占动物界已知种类的 2/3 至 3/4。由此可见，世界上的昆虫还有 90% 的种类我们不认识；按最保守的估计，世界上至少有 300 万种昆虫，那也还有 200 万种昆虫有待我们去发现、描述和命名。现在世界上每年大约发表 1000 个昆虫新种，它们被收录在《动物学记录》中，所以，该杂志是从事动物分类的研究人员必须查阅的检索工具。

在已定名的昆虫中，种类最多的有四个目类，其中鞘翅目（甲虫）就有 35 万种之多，其中象甲科最大，包括 6 万多种，是哺乳动物的 10 倍。鳞翅目（蝶与蛾）次之，有约 20 万种。膜翅目（蜂、蚁）和双翅目（蚊、蝇）都在 15 万种左右。

大多数昆虫形体很小，长一般不到 6 厘米，但大小相差悬殊。有些极小，如寄生蜂；而某些热带昆虫则相当大，长可达 16 厘米。

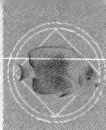

许多种类的两性结构不同。如捻翅目的雌虫仅成一个充满了卵的不活动的袋状构造，而雄虫有翅，非常活跃。许多种类的生殖方式不同，生命力强。某些昆虫（如蜉蝣）只在幼虫期取食，而成体不取食。社会昆虫中，蚁后和蟚后（白蚁后）可以活50年以上。而有的蜉蝣成虫的寿命不到2小时。大部分昆虫的生活习性不一，分布密度差异极大。在同一片湿土中昆虫可多达400万只，但在同一范围内也许只能偶尔见到一只蝴蝶、熊蜂或甲虫等大昆虫。从沙漠到丛林、从冰原到寒冷的山溪再到低地的死水塘和温泉，每一个淡水或陆地栖所，只要有食物，就会有昆虫生活。它们有许多生活在盐度是海水的1/10的咸淡水中，少数种类生活在海水中。有的双翅目幼虫能生活于原油池中，取食落入池中的昆虫。昆虫卵壳上通常有呼吸孔，并在壳内形成一个通气的网络。有些昆虫的卵黏在一起形成卵鞘。有的昆虫以卵期度过不良环境。如某些蚱蜢以卵度过干旱的夏季，待潮湿时再行发育。在干燥条件下，卵在发育完成后进入一个休眠期。

昆虫有哪些生活习性

昆虫在环境太热时会寻找阴凉潮湿的处所。如必须要暴露在阳光下，它会使自己处于体表受热面积最小的位置。如太冷，昆虫会留在阳光下取暖。许多蝴蝶在飞行前需展翅收集热量。蛾在飞行前震动翅或抖动身体，并借毛或鳞片在身体周围形成一层空气绝缘层保住体热。对它们来说最适于飞行的肌肉温度是38℃—40℃。在严寒时，身体结冻是对昆虫最大的危险。在寒冷地区能越冬的昆虫种类称为耐寒昆虫。少数昆虫能忍受体液中出现冰晶，不过在这种情况下细胞内含物可能并未冻结。但大多数昆虫的耐寒意味着阻止冰冻。抗冻作用部分是由于集聚了大量的甘油作为抗冻剂，部分是由于血液中的物理变化，温度远在冰点之下而仍不冻。防干旱包括坚硬的防水蜡以及扩大贮水的机制。水生昆虫除了步足发生显著的变化而适于游泳外，主要适应性变化在于呼吸。有的升到水面呼吸。蚊只利用呼吸管末端的最后一对腹气孔吸气。龙虱在鞘翅与腹部之间有一贮气室。呼吸空气的昆虫在体表的毛间形成空气层，作用如鳃，使它能从水中取得气，延长潜水的时间。水中的昆虫幼虫直接从水中得气。摇蚊幼虫整个表皮层有丰富的气管。毛翅目和蜉蝣目幼虫有气管鳃。大型的蜻蜓幼虫鳃在直肠内，水从肛门进出提供氧气。

昆虫的食性如何

　　食性就是取食的习性。昆虫种类繁多，这同昆虫食性的分化是分不开的。据统计，在所有的昆虫中，吃植物的约占48.2%，称为

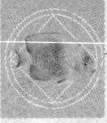

植食性；吃腐烂物质的约占17.3％，称为腐食性；寄生性昆虫占2.4％；捕食性的占28％，后两项合称肉食性；其他都是杂食性的，它们既吃动物性食物，又吃植物性食物。从这些统计数字可以看出，吃植物的昆虫在所有昆虫中数量最大。现有的昆虫约有一半是以高等植物为食。植食性昆虫由于口器构造不同，取食方法和取食植物的部位也不一样。有的取食植物组织，有的取食汁液。有的吃叶，有的蛀茎，有的咬根；有的吃花朵和种籽，有的可取食几个部位。因此，在同一种植物上可以有几种到几十种甚至几百种昆虫。

在上述食性分化的基础上，还可根据昆虫食物范围的多少进一步分为单食性、寡食性和多食性等食性特化类型。有的昆虫只吃一种植物，不吃其他植物，即便偶尔咬上几口，也绝不能就此完成它取食阶段的生活期。它们多半是活动能力较小，或钻蛀到植物茎秆和叶子组织里生活的种类。如三化螟只取食水稻；梨实蜂只为害梨，豌豆象只为害豌豆。这些昆虫称为单食性昆虫。有些昆虫只吃很少数几种植物，或者与这几种植物有亲缘关系的种类。如小菜蛾幼虫能取食十字花科的39种蔬菜。这类昆虫称为寡食性昆虫。还有的昆虫对许多种在自然系统上几乎无亲缘关系的植物都能吃。如棉铃虫的幼虫，可取食二十多科二百多种植物。这种昆虫称为多食性昆虫。即使是像棉铃虫这样的多食性害虫，对食物仍有一定的选择性，在这些科植物中，最喜欢吃的是锦葵科、茄科和豆科。而在最喜欢吃的植物中，还要挑选蕾、花、果实等繁殖器官取食。

昆虫是如何呼吸的

昆虫是用气管呼吸的，它们有特殊的呼吸系统，即由气门和气管组成的器官系统，气门相当于它们的"鼻孔"。

在昆虫的胸部和腹部两侧各有一行排列整齐的圆形小孔，这就是气门。气门与人的鼻孔相似，在孔口布有专管过滤的毛刷和筛板，就像门栅一样能防止其他物体的入侵。气门内还有可开闭的小瓣，掌握着气门的关闭。气门与气管相连，气管又分支成许多微气管，通到昆虫身体的各个地方。昆虫依靠腹部的一张一缩，通过气门、气管进行呼吸。

昆虫能高度适应陆生环境，原因之一就是具备了这种特殊的呼吸系统。蚂蚁、蝗虫、螳螂、蝴蝶、蜜蜂、蚊子、苍蝇等各类陆生昆虫都是以这种方式进行呼吸的。

生活在水中的昆虫也是用气门进行呼吸的。像蜻蜓、蜉蝣的幼虫长期适应水生环境，还形成了一种新的呼吸器官——气管腮，能像鱼一样呼吸溶解在水中的空气。

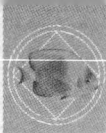

昆虫为什么会发声

盛夏时节，蝉的叫声格外的响亮，"知了，知了"的鸣声，有时听起来很悦耳，因而有人把它叫做"昆虫世界的音乐家"。

会发声的昆虫不仅有蝉，还有蟋蟀、蝈蝈等。可是昆虫并没有声带，发音部位也不在口腔内。那么，它们是靠什么发声的呢？

据科学家研究证实，能够发声的昆虫身上都有特殊的发音部位和发音器。蝉的腹部两侧各有一片弹性很强的薄膜叫声鼓，在肌肉的拉扯下它会产生振动。它的腹部还有一个气囊共鸣器，随着声鼓的振动就会共鸣。声鼓外面又有盖，在它的调节下，叫声就变得忽高忽低了。蟋蟀是依靠翅膀摩擦发出声音的，它的右翅叠在左翅上面，右翅基部下有一个音锉，左翅的表线刚好在音锉下面，形成尖的摩擦缘。两翅升起或分开就引起音锉和摩擦缘摩擦而发出声音。蝗虫是由腿节内侧纵脉相摩擦而出声，这时，腿节如"弓"，前翅纵脉如"弦"，两者摩擦后，发出唧唧声。

这些昆虫为什么要发声呢？经研究证明，那些善鸣的昆虫只有雄虫才有发音器，它们的发声主要是为吸引雌虫向其靠近，以便交配。多数善鸣的昆虫都在秋天繁殖交配，所以，秋天虫声特别多。

什么昆虫可以吃

在现有的自然资源中，数量多、分布广、营养丰富、易于开发的资源首推昆虫资源。因为昆虫的生活周期短、繁殖力强，适合大量饲养和工厂化生产。而且昆虫体内蛋白质含量高，多达50%—75%，有的高达80%以上，氨基酸含量高且成分搭配合理，昆虫所含脂肪多为软脂肪与不饱和脂肪，消化性能良好，微量元素较丰富。所以昆虫的开发利用前景非常广阔。

可以食用的昆虫种类很多，传统的有蝉、蝗虫、蜻蜓稚虫、金龟子、家蚕、蚂蚁、螳螂、蜜蜂、龙虱、水龟虫、天牛、螽斯等。近年兴起食用的有豆天蛾、蚁蛉、白蚁、玉米螟、蝇蛆、黄粉虫、蝙蝠蛾、蟑螂、蝼蛄等。

入药的昆虫种类也很多，如冬虫夏草、蝉花、地鳖、九香虫、斑蝥等。当前，昆虫开发中研究最多并已形成一定规模的生产项目主要是提取昆虫的营养素，特别是利用昆虫生产营养保健品。实践中应用最多的昆虫是蚕蛹、蚕蛾、蜜蜂、蚂蚁、蝇蛆、白蚁、黄粉

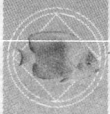

虫等，由其开发生产的产品主要有蛋白粉、复合氨基酸、昆虫酒、昆虫茶、昆虫糕点、昆虫几丁质等。

昆虫也能啃金属吗

昆虫能够啃金属吗？是的。二尾舟蛾的老熟幼虫就会啃咬电缆。二尾舟蛾的老熟幼虫常在树干基部、树皮缝、树枝分叉处和房舍上咬木屑，吐丝黏合作茧化蛹越冬，茧质坚硬，灰褐如树皮，常因幼虫啃木作茧，造成树枝受风易折。这种蛾的幼虫还会因电缆与树枝相靠，把咬碎的电缆铅皮作茧，引起电路事故。

这种有机交流是一种友好方式，因为地上吃叶子的昆虫宁愿选择没有被土壤里吞噬者占领的植物。

当土壤下的昆虫居住在植物下面时，它们就会以地下的根茎为美食。为了警告吃叶子的昆虫不要"入侵"它们的地盘，地下昆虫就通过植物叶子来发送化学警告信号，因此吃叶昆虫得到警报后就知道此植物已经被他人占领了。

此外，地下昆虫还能通过此"生物电话"和第三方取得联系，比如求助毛虫的天敌——寄生蜂，如果毛虫不让步，地下昆虫就会发出化学信号求救寄生蜂，让寄生蜂来制服毛虫。如果到了这一步，毛虫的命运就惨了。由叶子发出的化学信号告诉寄生蜂有哪些植物被占领了，于是寄生蜂就将它们的卵产到吃这些植物的地上昆虫体内，这样就能很好地阻止地上昆虫强占地下食根昆虫占领的植物。

谁是最短命的昆虫

最短命的昆虫非蜉蝣莫属，它的成虫往往活不到一天，一般只有几个小时就走到了生命的尽头。虽然蜉蝣成虫寿命很短，但幼虫寿命却很长。蜉蝣成虫经过交配，把卵产在水中。幼虫要变成亚成虫，必须先在水中生活1—3年，爬出水面蜕过皮后才变为蜉蝣成

虫。如果把它在水中生活的时间算在一起，寿命还是不短的。

蜉蝣早在 3 亿多年以前就已经出现，是比较古老的昆虫。世界上的蜉蝣有 2000 种左右，分布极其广泛。它身体软弱细长；头小，复眼大；两对翅膜脆弱，极易脱落；足细弱，只用于停息时攀附，不用于行走。

蜉蝣的稚（幼）虫一般在日落后羽化为亚成虫，这时的虫体与成虫相似，但由于全身被半透明薄膜覆盖，使它显得有些发黯，翅膀暗淡，不活泼，也不能交配。只有经过最后一次蜕皮，它才成为翅膀透明、色彩较鲜的成虫，这种现象在昆虫中是绝无仅有的。在成虫阶段，它不吃不喝，主要任务是交配产卵，产卵后就死去。有时大批蜉蝣产卵后死在湖边，以致道路滑得连车辆都无法通行。蜉蝣卵在水中孵化后，一般蜕皮 20—24 次，多的达 40 次。蜉蝣的稚虫是鱼类的美餐。

蜉蝣的成虫短命的原因在于，它的嘴已经退化，不能再吃任何东西。

你知道昆虫短暂的一生吗

有些动物的一生要经过几十年，可昆虫的一生往往只在很短的时间里度过。一个个体（无论是卵还是幼虫）从离开母体发育到性成熟产生后代的个体发育史，称为一个世代。世代也就是从出生到死亡（非意外死亡）的整个发育过程。一种昆虫在一年内的发育史，更确切地说，从当年的越冬虫态开始活动起，到第二年越冬结束为止的发育经过，称生活年史，简称生活史。

各种昆虫完成一个世代所需的时间不同，在一年内能完成的世代数也不同。有的昆虫一年只完成一代，就称为一化性昆虫。一年发生二代以上的，称为多化性昆虫。二化螟、三化螟的名称就是根据它们一年发生的世代数命名的。有的昆虫一年内能完成很多代，为害棉花的蚜虫一年可完成20—30代。另外一些种类完成一个世代则往往需要2—3年，最长的甚至要十几年，如十七年蝉。

一只昆虫从卵孵化出来后，需要经过一系列外部形态和内部组织的变化，才能发育为性成熟的成虫，这种变化称为变态。昆虫经过长期的演化，随着成、幼虫态的分化和翅的获得，以及幼期对生活环境的特殊适应，发生了不少变态类型，主要有以下5个基本类型。

（1）增节变态。增节变态是从多足纲演化来时保留下来的一种原始变态类型。在昆虫纲中唯有无翅亚纲的原尾目是以增节变态形式发育的。这种变态的特点是幼期和成熟期之间除了个体大小和性器官发育程度的差别外，腹部的体节数是逐渐增加的：初孵化的原尾虫腹部只有9节，以后在最后2节之间逐渐增加出3节，至全数12节为止。第12节是尾节，所增加的3节都是从第8节增生出来的。

（2）表变态。这是无翅亚纲中除原尾目以外各目（弹尾目、缨尾目和双尾目）所具有的变态类型。表变态的特点是从卵孵化出的幼期已经基本上具备了成虫的特征，在胚后发育中仅在个体增大、性器官的成熟、触角及尾须节数的增多、鳞片及刚毛的增长等方面有所变化，一般来说这些变化都不是很明显。表变态的另一特征是在成虫期还继续脱皮。

（3）原变态。原变态是有翅昆虫中最原始的变态类型，只有蜉蝣目才有这种变态类型。它的特点是从幼期转变为真正的成虫期要经过一个亚成虫期。亚成虫期是一个很短的虫期，有时还不到 1 个小时，它在外形上与成虫一样，也能飞行。

（4）不全变态。这种变态类型只有 3 个虫期，即卵期、幼虫期和成虫期。成虫期的特征随着幼期的生长发育而逐渐显现，翅在幼期的体外发育。不全变态与原变态的主要不同点为：成虫期不再脱皮，幼虫期为寡足型（只有 3 对胸足，无腹足）。最典型的不全变态类昆虫有：直翅目、等翅目、竹节虫目、螳螂目、蜚蠊目、革翅目、啮齿目、纺足目、半翅目、同翅目等。这些昆虫的幼虫陆生，称为若虫。蜻蜓目、绩翅目的幼虫水生，因而其幼虫比较特化，称为稚虫。

（5）完全变态。这种变态类型有 4 个虫期：卵、幼虫、蛹和成虫。全变态类的幼虫不仅外部形态和内部器官与成虫完全不同，而且生活习性也常常不同。例如，蝴蝶的幼虫为多足的毛毛虫，取食植物的叶子；成虫则是美丽的蝴蝶，大多取食花蜜和水。在全变态中，有一些昆虫的幼虫在各龄之间生活方式迥然不同，因此，相应在体型、结构等方面都有极大的差别。这种发育过程显得更为复杂，所以另称为复变态。复变态是某些寄生昆虫所特有的现象。芫菁是复变态的一个很好的例子。

昆虫华丽的衣裳是怎样织成的

花丛中翩舞的蝴蝶、绿叶上爬行的甲虫，那斑斓艳丽的色彩，实在逗人喜爱。可是你知道昆虫华丽的衣裳是怎样织成的吗？昆虫学家按照它们的色源，把丰富多彩的昆虫颜色分成色素色和结构色。

色素色，亦称化学色，它显色的主要原因是由于昆虫体内含有多种奇形怪状的色素细胞，在这些细胞中藏满了颜色的物质，如黄色素、黑色素等。这些物质可以吸收某种光波，反射其他光波，不同的光波交织在一起就形成了各种奇丽的颜色。常见的害虫菜粉蝶翅膀上的白色，就是由一种被称为尿酸的物质的存在造成的。色素色的化学性质很不稳定，容易发生氧化和还原等化学作用而逐渐褪色，甚至完全消失。用蝴蝶做的书签时间一久便黯然失色就是这个原因。

那么，什么叫结构色呢？结构色，又叫物理色。这种颜色是由于昆虫表皮的特殊构造，使照射在它们表面上的光线不断地发生反射、干涉或曲折等物理现象，从而产生了一种闪耀的色彩。我们熟悉的铜绿金龟子，它的鞘翅表面具有许多微小的脊纹，当光线照在上面的时候，就闪出美丽的铜绿光泽，脊纹越多，产生的闪光越强，色泽也越鲜艳。结构色在不同光线入射角和不同的光源下，还会产生不同的色彩。例如，某种小灰蝶在灯光下的翅面呈蓝色，可是在阳光照耀下侧看，如视角小，它的翅面出现蓝紫色；如视角大，则又显出翠蓝色。如在灰蝶翅面上滴上乙醇，那么原来的翠蓝色就转变为亮绿色，等乙醇蒸发完后，又恢复原来的翠蓝色。显然，结构色的化学性质比色素色稳定，即使用沸水或者漂白粉冲洗也不会使颜色消失。

但事实上，绝大多数昆虫的色彩是由色素色和结构色相互配合而成的混合色，它们使昆虫的颜色千变万化，更加鲜艳。比如，有种闪紫蝶，当你正视时呈现黄褐色，侧视又显出蓝紫色；前者是色素色，而后者则是结构色。

昆虫的颜色与它们的生活是相适应的，根据它们色彩的生物学意义，可分为保护色和警戒色。

保护色是昆虫同周围生活环境相协调的体色，它使别种动物不易发现，对自身起一种躲避敌害的保护作用。如栖息在树干上的夜蛾多半体色灰暗，潜伏泥土中的蝼蛄则呈黑褐色。就是同一种昆虫，也会随生活环境的不同而出现不同的体色。如生活在青草中的蚱蜢为绿色，生活在枯草中的蚱蜢则又是褐色的了。即使在同一株竹子上的竹节虫，竹叶上的呈翠绿色，而竹竿上的呈黄褐色。昆虫的体色同周围的环境配合得如此巧妙，有时简直叫人难以辨识。

　　昆虫的保护色是在生物界相生相克的生存斗争中，经过极其漫长的变异和无意识的自然选择而形成的。进化论的奠基者、英国博物学家达尔文认为：生物在外界条件的影响下发生变异，有利于生存的变异逐代累积加强，不利于生存的变异逐渐被淘汰。事实也是这样，比如，产于我国长江流域的大枯叶蝶，它全身的颜色与干枯的树叶极为相似，当它休息时两翅合拢竖立在树枝上，极像一片枯叶。然而，它们的老祖宗并不完全相同，有的体色不像枯叶，有的不大像，像枯叶的个体，不易被天敌发现，能够躲避敌害侵袭，不大像枯叶的个体因常被天敌吃掉，渐渐地被淘汰。经过长期的变异的自然选择，枯叶蝶的体色就更像枯叶了。

　　但是，在昆虫世界中，有的昆虫体表具有特别鲜明的色彩，以触目惊心的颜色，给敌害显示"警告"，因此，这种颜色称警戒色。科学家们认为，大部分具有警戒色的昆虫，如某些蝶、蛾、甲虫等，具有一套从有毒植物中分离或

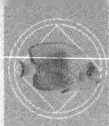

贮藏毒素的本领。像非洲的桦斑蝶，在它的组织内贮有一种心脏病毒素，甘兰褐灯蛾还能分泌乙酰胆碱。如果鸟类吞食了它们之后，轻则引起呕吐，重则因心脏麻痹而死亡，从而使鸟儿望而生畏，即使在非常饥饿的情况下，也不敢轻举妄动。耐人寻味的是，有的蝴蝶它们本身并没有毒素，但是它们的体色甚至外形也和含有毒素的蝴蝶一模一样，以致鸟类真假难分，不敢贸然取食。昆虫这种体色拟态现象巧妙地迷惑和吓唬了敌害，有效地保存了自己。有人做了这样一个调查，在 933 个雨蛙胃中发现了 11585 个昆虫，而其中具有警戒色的昆虫还不到 20 个。说明警戒色同样起到了昆虫自卫的作用。

然而，警戒色和保护色正像色素色和结构色一样，也不是绝对分开的。有些昆虫的保护色和警戒色往往同时存在。就拿我们很熟悉的绿色尖头蚱蜢来说吧，它有一对草绿色的前翅和一对樱红色的后翅，前者为保护色，后者是警戒色。当它欢跃在草丛中的时候，前翅覆盖在后翅上，使周身颜色如同青草；当它受到敌害袭击时，突然张开前翅，展现出颜色鲜明的后翅，这种一下出现的颜色往往能把袭击的敌人吓跑。

总之，昆虫体色的种种适应状，是在自然界长期生存竞争中逐渐取得的特征。这种特征使昆虫更有利于适应外界环境，也是昆虫种类成为整个动物界中任何一类动物都不能相比的原因之一。

为什么说雄蝇求偶有"独门绝技"

　　雄蝇有一双敏锐的眼睛，其视网膜细胞可精确定位目标，并迅速追踪。雄蝇凭借独有的视觉功能，可以精确地辨认雌蝇所在位置进行追击，使得雌蝇无处可逃。

　　雄蝇的这种精确识别追踪能力，可探测到76厘米范围内的移动飞行目标，而雌蝇只可探测到33厘米范围内的移动飞行目标。如果我们观察到有两只苍蝇围绕着灯罩进行追逐，一只在追逐对方，而另一只则试图逃离。在通常情况下，在两只苍蝇中追逐对方的应该是雄蝇。雄蝇的视觉追踪能力要强于雌蝇。雄蝇的这种视觉功能可对微小目标迅速作出反应，并且对该目标所在位置的定位十分精确。

　　众所周知，动物的视觉能力可以更好地适应它们的生活环境。比如：青蛙的眼睛可以对周围任何飞行的昆虫迅速作出反应。在这里，青蛙的这种视觉捕捉能力不同于雄蝇视网膜细胞的精确追踪能力。通常动物的视觉观察能力是很被动的，它们主要通过外界光源进行辨识目标。但事实上，它们的视觉捕捉能力很灵敏。其强大的视觉捕捉能力超出了我们的预想。

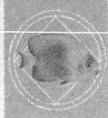

为什么苍蝇一直搓自己的脚

　　人类的味觉感受器是味蕾，主要分布在舌背，特别是舌尖和舌的周围。

　　而苍蝇的味觉的感受器在脚上，也就是说，人类要尝味道的话，需要把食物放入嘴里，但是苍蝇却用脚沾一沾，就可以尝到味道了。所以苍蝇停下来的时候，会不断地用脚四处沾沾，尝到味道后，又搓一搓，搓去前足味觉器上的脏东西，目的是为了把味觉感受器清理干净，把旧的味道除去，然后再沾一沾，再尝新的味道。难怪我们看到苍蝇停下来后，总是走来走去，又一边走一边搓脚，想不到它这正是在四处品味呢！

为什么苍蝇总往玻璃上撞

苍蝇喜欢往亮处飞，特别是家蝇经常钻进房间里，吃饱喝足后，企图从亮处夺路逃走，它往往把明亮的玻璃窗视为逃跑的出口。可是，苍蝇看不见玻璃，所以它们常常是一头撞在玻璃上。不光是苍蝇，其他被捉进房间里来的蜻蜓、蝴蝶也都一样。它们在玻璃窗上撞来撞去，心里肯定纳闷，怎么就出不去呢?

苍蝇夜间总喜欢待在灯罩上，这是因为苍蝇喜欢亮光，我们称这种特性为趋光性。在那些白天睡觉夜间活动的昆虫中，有不少是

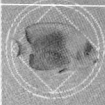

具有趋光性的，如飞蛾、独角仙等。

自然，有趋光性的昆虫，也就有专门喜欢躲在暗处的负趋光性昆虫，蟑螂就属于这类昆虫。

家蝇的习性是白天活动，夜晚落在天花板上睡大觉。家蝇的成虫在羽化后的最初几天里，经过昼夜明暗多次的反复之后，便形成了条件反射，天黑以后，它们就会自然地飞落在房顶天花板上休息了。

利用昆虫的趋光性，可以用灯光来诱杀害虫，以减轻它们对农作物的危害。

果蝇是如何飞行的

如果你仔细观察果蝇，会发现它可以迅速起飞、盘旋、俯冲、急转弯，轻而易举地进攻食物、躲避追杀。但它是怎么办到的呢？动物学家、航天专家、流体力学研究者一直对昆虫飞行时附近空气流动的情况感兴趣，但这个问题至今尚未得到充分的解释。因为人们很难对三维空间的气流活动作出精确的描述，尤其是昆虫翅翼周围，而且昆虫的翅翼小巧轻薄，又运动得特别快、特别复杂。

一开始，科学家以分析和计算的方式来探究昆虫飞行的机制，但是这两种方式却无法解释昆虫起飞和停滞空中的行为，也无法完整地描绘昆虫的飞行。直到 20 世纪末，研究人员改以直接测量的方式进行，将它们的运动模式量化，才渐渐揭开昆虫飞行神秘面纱的一角。

一般昆虫翅翼的飞行原理跟飞机大不相同。它的翅膀会朝不同方向、在不同的时机翻转，并利用与空气切角的变化和涡流的产生，作出各种飞行动作。

果蝇是由涡流带着它升空的，而要有涡流必须先挥动翅翼。但是果蝇的翅翼在拍动时会随着飞行的位置而有不同角度的翻转，于是翅翼前缘与空气的角度会不断变化，一旦切角过大，便会失速而下坠。但果蝇在快速翻转翅翼的同时，也产生了快速旋转的前缘涡流，这些涡流能支持果蝇继续上升，不至失速坠落。只是这些涡流附在翅翼上的时间很短，一产生出来便会立即消散，但是由于果蝇翅翼快速拍动的关系，在前一个涡流即将逝去的同时，下一个涡流也产生了。于是果蝇拍动翅膀时，总是有许多涡流像热气球一般支撑着它在上空盘旋。因此，这些美丽而实用的前缘涡流，便起了"延缓失速"的作用，让它安全渡过每一个可能失速的难关。

研究人员利用电子仪器测量果蝇拍击"翅膀"时，发现这对翅翼在拍击的起始和结束瞬间，产生了强大的力，而这是无法以延缓失速解释清楚的。力量的极大值发生在翅翼拍击速度慢下来，并迅速转向反向拍击的瞬间，因此这个转向的动作必定大有文章。

果蝇也很有节约能源的概念。果蝇在拍击翅膀时，产生的能量

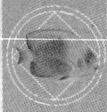

会散逸至空气中，而这些散逸的能量果蝇却能够善加利用。

果蝇在每一次拍击时，都会扰动周围的空气，这些扰动的空气散逸至尾部，称为尾波。尾波的结构复杂，而当翅翼在进行下一个动作时，便会穿过之前被扰动过的空气，如此两力相撞，产生的合力便形成另一个力度的高峰。因此尾波的能量不会平白散逸到空气中，而能够借着下一次拍击再利用，称为尾波捕获。

即使尾波捕获的动作必须出现在每一次拍击开始时，果蝇仍然可以改变翅翼转动的时机来操控力的大小和方向。如果翅翼转向得早，那么翅翼与尾波撞击的角度就能产生一股强大的上升之力；倘若翅翼转向得晚，则两者撞击之后便产生下降之力。

科学家希望找到昆虫在空中飞行的基本技巧，以此研发一种拇指大小的飞行器，可以用在搜寻、救援、环境监控、地雷探测、星球探索等领域。因为尽管人们已经成功地制造出像小鸟一般大小的飞行器，但像苍蝇一般大小的却还飞不起来。

在浩瀚的大自然之中还有许多昆虫，它们的构造、尺寸和行为多种多样。小如蓟马，大如鹰娥，还有双翼的蜜蜂，也有四翼的草蛉和蜻蜓，而科学家煞费苦心地从果蝇身上获得的结论，又有多少是可以运用在这么多种昆虫身上的呢？更何况，人们只找出果蝇滞留空中做上下飞行的机制，一旦它们移动时，又是用什么飞行机制呢？

看来，仅仅是小小的昆虫，举手投足间就有许多奥秘，有待我们去一步步探究。

蜜蜂可以充当未来排雷能手吗

美国蒙大拿大学的科学家布罗门中克和亨德森通过研究发现，小小蜜蜂的探雷能力比目前通用的猎犬更为有效，能够覆盖更大的区域，并能够成千上万只一齐出动。一般的蜜蜂只要训练两天就能够完成任务，而训练一只狗学会探雷则需要半年以上时间；更为重要的是，用蜜蜂探雷成本非常低。比如在阿富汗，埋下一颗地雷的平均成本大约是 3 美元，但排除一颗地雷却要花费近 1000 美元，

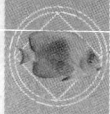

其主要原因就是培训探雷犬的代价很高，平均每只需要数千美元。

训练蜜蜂探雷的原理来自于俄罗斯生理学大师巴甫洛夫的条件反射理论。蜜蜂是根据气味觅食的。在条件反射作用下，它们会把食物源和某种气味联系在一起。如果能够通过训练，使它们熟悉爆炸物散发出的气味，排雷人员就能根据激光系统确定地雷的位置。据亨德森估计，要使蜜蜂担任排雷任务，还需要大约 18 个月至 2 年的时间。

黄蜂能通过视觉辨认同伴吗

以往科学家认为昆虫可能不具备通过视觉辨认同伴的能力，但美国科学家的一项研究结果显示，黄蜂对同伴的相貌并非毫无知觉。

许多科学家认为，哺乳动物、鸟类、鱼类和两栖动物都能通过视觉辨认同伴，而昆虫只能通过自身排放的化学物质，来判断其归属的巢穴，因为它们的脑力不足以通过视觉辨认同伴。

然而，美国康奈尔大学的伊丽莎白·蒂贝茨发现，黄蜂头部和腹部分布着大面积的黄色和黑色的斑纹，这些相貌特征可能决定了某只黄蜂在黄蜂社会里的地位。作为社会性昆虫，黄蜂巢穴里存在特别严格的等级体制。

　　为验证这一想法，蒂贝茨选择了 23 个黄蜂蜂巢，并从每个巢中选择一只黄蜂进行"化妆"。她先将一半黄蜂"改头换面"，增加它们身上的斑纹。对于剩下的黄蜂，她只是在原有的斑纹上重描一次，并不改变形状。当这些黄蜂被放回各自蜂巢时，被改头换面的黄蜂受到大量攻击，其受攻击次数远远超过那些只画了"淡妆"的黄蜂，攻击行动约 2 小时后停止。蒂贝茨认为，实验表明黄蜂可以通过视觉辨别同伴，并根据其相貌特征认定同伴在自己巢穴中的社会地位。攻击行动停止则说明，2 小时后，被改头换面的黄蜂在巢穴中找到了符合自己相貌的新位置。

蜂巢是如何调节温度的

　　蜜蜂是变温动物，体温会随着外界气温的变化而变化。但它们的蜂巢却如同一个装有"空调"的房间，尤其在其繁殖后代的时

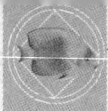

候，蜂巢内基本维持相对较高的温度。通过研究，科学家发现了蜂巢内"空调"的奥秘。

观察发现，35℃—36℃是最适蜜蜂的卵孵化的温度。但蜜蜂是变温动物，其自身体温会随着外界温度而变化，因而难以达到这一温度。为此，工蜂承担了发挥"空调"作用的重担。一旦蜂巢内的温度开始降低，它们就会展开翅膀然后运动肌肉系统，借此提升胸腔的温度，然后依靠这些热量来维持蜂巢的温度。与此同时，它们还会"挤压"蜂巢上的小单元格，增加蜂巢的密封性能，减少热量散失。布约克解释说，蜜蜂做的这种肌肉系统的运动和飞行时的振动是不同的，不会像风扇一样因加速空气流动而散热。

人们已经知道，蜜蜂在过冬的时候会互相聚拢结成球形团在一起，使蜂团的散热面积减小，并且球体内部和外部的蜜蜂会不断交换位置，共同抵御寒冷。

蜜蜂在蜂房里如何传递信息

科学家很早就发现蜜蜂使用特殊的"舞蹈"向同伴传递食物位置的信息。但是长期以来人们都不知道蜜蜂是如何在黑暗的蜂巢内部"看到"同伴的"舞蹈"的。

德国的一个研究小组对蜜蜂的这一行为模式进行了研究。结果发现，当蜜蜂跳某种传递信息的"舞蹈"的时候，蜂巢会产生微弱的低频振动。如果阻止蜂巢振动，能够领会"舞蹈"信息的蜜蜂数量会减少到原来的1/4左右。

研究发现，对于大多数六角形的蜂房，相对的两个蜂房房壁的振动方向相同，而在距离发出振动的蜜蜂两三个蜂房远的地方，相对的蜂房房壁振动方向相反。科学家认为，蜜蜂可以通过六条腿感受振动，察觉这种"倒相"作用，从而在黑暗而嘈杂的蜂巢里接收同伴传来的信息。

但是，科学家还不能解释这种"倒相"产生的机制。有的专家

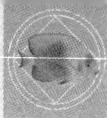

认为，由于蜂巢的这种振动类似于地震，对这一现象的研究可能有助于建筑学家设计抗震性能更好的建筑。

蜜蜂是如何判断距离的

科学家发现，蜜蜂可能无法直接判断距离，而是通过自己飞过了多少景物来估算路程。如果对这一"导航系统"加以干扰，蜜蜂就会判断失误，并通过"舞蹈"把错误的距离信息告诉同伴。

美国印第安纳州圣母大学的科学家发现蜜蜂是通过"光流"来判断距离的。光流是指观察者的位置发生变化时，周围景物显示出的移动量。景物离观测者越近，其光流就越大，譬如火车上的乘客会感觉路边的树木移动得比远处的山要快。

科学家训练了一些蜜蜂，使它们飞过一条 8 米长的管道找到食物。由于管壁与蜜蜂的距离比平时觅食过程中的景物近得多，产生的光流也大得多。观察发现，这些飞过管道的蜜蜂返回蜂巢后，传达出的信息是食物大约在 72 米外，而不是实际的 8 米，大大夸大了实际距离。其他蜜蜂根据这一信息飞往食物所在方向时，如果不通过管道而是在普通环境中飞行，就会飞出七十多米远。

科学家据此得出结论说，蜜蜂并不能直接判断距离远近，而是通过计算在该方向上飞过了多少景物来判断。

为什么说蜂窝是世界上最省料的建筑物

  经过 1600 年的努力，数学家终于证明蜜蜂是世界上工作效率最高的建筑者。公元 4 世纪古希腊数学家佩波斯提出，蜂窝的优美形状，是自然界最有效劳动的代表。他猜想，人们所见到的截面呈六边形的蜂窝，是蜜蜂采用最少量的蜂蜡建造成的。他的这一猜想被称为"蜂窝猜想"，但这一猜想一直没有人能证明。后来，美国密歇根大学数学家黑尔宣称，他已破解这一猜想。

  蜂窝是一座十分精密的建筑工程。蜜蜂建巢时，青壮年工蜂负责分泌片状新鲜蜂蜡，每片只有针头大小。而另一些工蜂则负责将这些蜂蜡仔细摆放到一定的位置，以形成竖直六面柱体。每一面蜂蜡隔墙厚度不到 0.1 毫米，误差只有 0.002 毫米。6 面隔墙宽度完全相同，墙之间的角度正好 120°，形成一个完美的几何图形。人们一直感到很疑惑，蜜蜂为什么不让其巢室呈三角形、正方形或其他形状呢？隔墙为什么呈平面，而不是呈曲面呢？

  虽然蜂窝是一个三维体建筑，但每一个蜂巢都是六面柱体，而蜂蜡墙的总面积仅与蜂巢的截面有关。由此引出一个数学问题，即

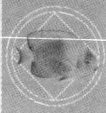

寻找面积最大、周长最小的平面图形。1943 年，匈牙利数学家陶斯巧妙地证明，在所有首尾相连的正六边形中，正多边形的周长是最小的。但如果多边形的边是曲线时，会发生什么情况呢？陶斯认为，正六边形与其他任何形状的图形相比，它的周长最小，但他不能证明这一点。而黑尔在考虑了边是曲线时，无论是曲线向外突，还是向内凹，都证明了由许多正六边形组成的图形周长最小。

为什么蜻蜓总用腹尖点水

　　每年秋天，我们总可以看到成群的蜻蜓在水面盘旋，不时地往水中一浸一浸地低飞着，这就是人们常说的蜻蜓点水。蜻蜓为什么要点水呢？

　　蜻蜓一生中分作卵、幼虫和成虫三个阶段。蜻蜓的卵是在水里孵化的，幼年时期也是生活在水里的。幼虫的形状并不像我们常见到的蜻蜓，虽然也有三对足，但却没有能飞翔的翅膀。它的下唇很

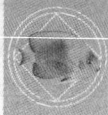

长，可以屈伸，顶端有钳，是它捕捉食饵的工具。水中的蚊子等类幼虫是它的主要食物，它也可以吃小鱼虾。幼虫在水中生活达一二年时间。长大的幼虫从水草上爬出水面，蜕皮而为蜻蜓。

蜻蜓成虫到了繁殖期就要进行交配。蜻蜓交配的情形也很特殊，我们常看到一对对蜻蜓，一前一后地拉着飞。前面的是雄的，用尾巴勾住后面雌蜻蜓的头或胸部，然后雌蜻蜓把腹部弯过来，伸到雄蜻蜓的腹基部进行交配。交配后又恢复原状，一前一后起飞到水边去"点水"，原来这是蜻蜓在水中产卵的动作。另外，还有的蜻蜓边飞边产卵，像直升机一样静止地停在空中向下产卵。还有一种蜻蜓能够潜入水中把卵产在水草上。

你知道蜻蜓的"运动欺骗术"吗

慢慢地靠近猎物捕食，而猎物毫无察觉——这就是运动伪装。尽管听起来不可思议，但科学家们发现，蜻蜓就是靠这种"看不见的动作"来追踪猎物的。

英国《自然》杂志上刊登了澳大利亚大学视觉科学中心的研究小组发表的一篇关于蜻蜓"运动欺骗术"的文章。文章指出，蜻蜓飞行时将自己伪装得像个固定的点，使猎物产生错觉而遭捕杀。

研究小组对雄蜻蜓的 15 种飞行方式研究后发现，蜻蜓的伪装主要依靠达到毫米级的位置控制能力和飞行精确度。但至于蜻蜓为何有这么高的飞行技巧，依然是个谜。科学家指出，人们很少会看到蜻蜓相互追逐的情景，因为伪装中的蜻蜓非常警觉，一旦有暴露行踪的可能性，马上就飞得无影无踪。

一般而言"伪装"意味着静止：变色龙改变颜色而与背景融合，美洲豹依靠斑点掩藏于丛林中，平静中充满杀机。因为，只要猎物的视网膜中的光敏感细胞感应到运动的图像，就会立即进行反应。

为什么蝴蝶的求婚很奇异

一般蝶类的雄蝶比雌蝶要早一点羽化。之后，雄蝶到处飞翔，根据雌蝶散发的性信息素觅寻羽化不久的雌蝶，捷足先登地追逐交尾。在交尾之前，多少都要经过一个求婚过程，雌蝶的花纹和颜色及其信息素都起着重要的作用，最后，外生殖器结构必须相配。一只栖息在叶上的雌蝶，如果是已经交尾过的，当雄蝶飞临时，它就平展四翅而将腹部高高翘起，绝不起飞，这是雌蝶不接受交尾的表示，因此雄蝶绕飞一阵，也就只好舍之他去；反之即行交尾。有时

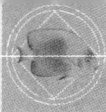

一只不需要交尾的雌蝶，在空中飞翔时，可能遇到好几只雄蝶追逐求爱，紧逼和绕圈飞舞，难解难分，雌蝶就会跟它们一起上升到高空，然后它会突然挟翅而下，急速降落，这种逃跑方式使雄蝶如坠迷途，不知雌蝶所在，因而雌蝶得以脱身。雌蝶的这种"逃婚"本能颇为有趣。还有一些蝶类，如绢蝶科的大部分种类，雌蝶在交尾之后，在交尾囊开口处的基部，生长出各种各样的交配后衍生物一枚，成为阻止再交尾的障碍物，这也是鉴别蝴蝶种类的一大特征。

美洲王蝶是如何万里迁徙的

每年秋季，成千上万只美洲王蝶不远万里从位于美国和加拿大边境的夏季栖息地来到墨西哥中部米却肯州的蝴蝶谷过冬。它们在近 4000 千米的迁徙旅途中靠什么辨别目的地的方位呢？美国科学家通过实验发现，精确的生物钟与太阳的相互作用是引领王蝶前往越冬地的重要原因。

很多生物都会根据所处环境的太阳光照的周期形成固定的节律，也就是人们所说的生物钟。光照周期出现变化，生物就会对自己的生物钟进行重置或调节。最典型的例子就是跨时区飞行造成的时差现象。对于人类或其他动物来说，生物钟更多具有时间上的意义，但对于美洲王蝶，生物钟则是个微调飞行方向的空间参数。

美洲王蝶的幼虫通常会在早晨日出时钻出蛹壳。研究人员用灯光代替日光长时间照射蝶蛹，结果发现王蝶幼虫的生命节律完全被打乱，它们会选择一天中任意时间钻出来，从而证明王蝶体内存在与日光照射对应的生物钟机制。

接下来的实验是在 9 月王蝶南迁前夕进行的。研究人员在实验室内构建了 3 个光照周期不同的箱子。一个按照当地正常时间照

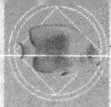

明，即上午 7 时至下午 7 时；一个将光照时间提前 6 小时，即凌晨 1 时至下午 1 时；最后一个箱子持续给光。捕获的王蝶在这 3 个箱子里生活 1 周直到适应新的"时差"为止。

实验结果正如研究人员的预料，不同"时区"的王蝶早晨放到户外后飞行方向完全不同：正常光照下的王蝶朝墨西哥所在的西南方向飞行；白天被"提前" 6 个小时的王蝶朝东南方向飞行，与正常迁徙方向呈 115°角；受持续光照的王蝶则完全丧失了方向感。研究人员认为，尽管生物钟被提前 6 个小时的王蝶仍在上午被放飞，但在它们的概念中"上午"成了"下午"，尽管太阳仍在东方，但它们生物钟所指示的太阳方位却在西方。生物钟的改变导致了参照系的改变，从而使王蝶的导航机制失灵。

美国堪萨斯大学昆虫学家奥利·泰勒解释说，美洲王蝶体内存在一个与太阳位置精确对应的生物钟，尽管人们知道王蝶可以通过计算自己与太阳的相对位置来辨别方向，但是如果没有生物钟补偿太阳运动所造成的飞行方向误差，太阳便是个不可靠的标志物。换句话说，一只生物钟正常的王蝶要想朝墨西哥所在的西南方向飞行，需要通过生物钟不断调节与太阳的相对位置，这也是为什么生物钟被提前 6 个小时后王蝶不能正确调整飞行方向的原因。

最大和最小的蝴蝶都是谁

　　昆虫王国中蝴蝶是最美丽的，人们常常会被它在空中翩翩起舞、扇动着色彩斑斓的翅膀所吸引，并对此流连忘返。蝴蝶的种类全世界就有一万四千多种，在我国有一千三百多种，堪称"蝴蝶王国"的台湾省，就有四百余种。

　　世界上最大的蝴蝶是南美凤蝶，体长 9 厘米，翅展 27 厘米，相当于体型中等鸟类的翅膀。

　　最小的蝴蝶是小灰蝴蝶。在我国云南西双版纳的原始森林里采捕到的一种小灰蝴蝶，翅展仅有 1.3 厘米，是至今发现的最小蝴蝶。

　　小灰蝴蝶翅膀颜色与凤蝶有所不同，鉴别小灰蝶的特征，主要是看它正反面翅膀的色彩。雄蝶反面翅膀斑纹色彩丰富，具有翠蓝、青、橙、红、古铜等颜色的金属光彩，正面斑纹较平淡，而雌蝶则呈现暗色。

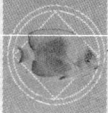

如果在显微镜下仔细观察蝴蝶的翅膀，你会发现上面有许许多多的五彩小蝶片，像鱼磷似的镶嵌在翅膜上。如果用手抹去这些鳞片，美丽的翅膀便会失去色彩成为无色透明的。

成虫的蝴蝶经常在花间采蜜，为植物传播花粉，而它的幼虫，则蚕食树叶庄稼和蔬菜瓜果，给农业和林业带来很大危害。

你知道蚂蚁的有趣事吗

生活在非洲沙漠中的沙蚁是一种生性好斗的蚂蚁，奇怪的是，这种沙蚁和人类一样，会为战死沙场的"将士"送葬。它们排成长长的"送葬"队伍，送往它们固定的墓地，用沙子掩埋尸体，并时常带上几棵有根的小草栽在墓前，以作纪念。

蚂蚁吃自己种的蘑菇，你相信吗？在亚马逊的热带丛林中就有这样一种怪蚂蚁，它们并不直接吃树叶，而是将叶子从树上切成小片带到蚁穴里发酵，然后取食在其上长出来的蘑菇。这就是切叶蚁，又叫蘑菇蚁。

还有，蚂蚁防穴内进水有绝招——喝完了尿出去。研究发现，马来西亚热带雨林地区有一种蚂蚁在它们居住的地方遭受大雨袭击时，可以通过喝雨水然后再排尿液的方式保护自己的家园。当雨季来临时，两三只工蚁一般会用头部堵住巢穴口，其他蚂蚁将流入穴口的雨水喝掉，然后通过撒尿的方式将雨水排出体外。

为什么蚂蚁要列队行进

　　蚂蚁过的是群体生活，它们也有自己的"家"，不过它们的"家"多数在地面以下，那里不容易找到丰富的食物，所以，在天气晴朗的时候，它们常要爬出来，在地面上寻找食物。有的单独出来侦察，如果遇到一条死虫或者一小块肉骨头，它不能独自搬回去时，就会很快奔回蚁巢，马上纠集许多同伴来共同搬运，这时这群蚂蚁就会排列成长长的队伍，从蚁巢一直延伸到发现食物的地方，齐心协力拖拉食物回巢去。这次搬运食物的是工蚁群。

　　但是，当你看到排列成宽带状队伍的蚁群时，那就不是搬运食物的工蚁了，而是兵蚁群，它们这是在执行抓捕奴隶的任务。兵蚁既不会觅食，也不会筑巢，更不会繁殖后代，它们的任务就是从事"战争"。初夏，它们去袭击别的巢穴，并把巢中的幼蚁和蛹掠来作为"奴隶"。当你发现兵蚁行进的队列时，只要耐心地观察一会儿，就会看到它们衔着战利品班师回巢的情景。兵蚁除了捕捉"奴隶"外，一般是不会在地面上抛头露面的。

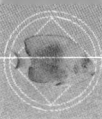

蚂蚁为什么不会迷路

　　蚂蚁都是一窝一窝地生活在一起，每一窝有几十万只，它们是地上活动的动物，活动方式主要是在地上爬行。我们常常可以看到蚂蚁搬家、寻食的现象，它们沿着一定的路线往返，绝对不会迷失方向。蚂蚁是怎样认路的呢？

　　原来蚂蚁的腹部能分泌出一种被称为追踪素的物质，通常蚂蚁

出洞时，都很有秩序地排成一纵队前进，前面蚂蚁分泌出追踪素，边走边散发在路上，留下痕迹，后面走的蚂蚁闻到这种气味，就能紧紧地跟上。即使有个别的蚂蚁暂时掉队，也能沿原路前进，不会迷路，这种追踪素的气味就形成了它们前进的路标。回来的时候，仍按此路标返回洞内。

如果某只工蚁发现食源后，即在回来的路上边走边释放追踪素；如果没有找到食物，它爬过的地方就不留下追踪素。因此，食物越丰富，被引来的蚂蚁越多，路上留下的追踪素也越多。追踪素是一种易挥发的物质，只要不加强就很快会消失。而且追踪素具有群体特异性。因此，不会和其他巢和其他各类的蚂蚁混淆。

如果在蚂蚁走的路上，用手指重复划几下，截断它们的路线标志，蚂蚁就会乱作一团，到处绕圈子，由此可看出它们是靠对追踪素的识别而不迷路的。

为什么不同家族的蚂蚁会打架

夏天，在树林边，常常会看到许多大大小小的蚂蚁爬来爬去，搬运着昆虫残体、泥土、食物残渣。有时它们相遇以后会成群地咬杀起来，争斗得十分强烈。

原来这是不同家族的蚂蚁群相遇后在厮杀。著名的生物进化论

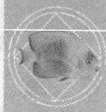

学家达尔文曾说：自然界一切生物为获得食物、水分、阳光、生活场所以及进行繁殖的过程中，必须跟不利的环境条件、跟敌害、跟竞争者发生斗争。

蚂蚁的种类很多，有雄蚁、雌蚁、工蚁和兵蚁等。同一窝蚂蚁身上的气味都是相同的，它们能依靠这种气味来相互识别并传递信息。它们的巢都是由本家族的蚁群共同来筑造的，并且过着集体生活。当别的窝的蚂蚁擅自闯入时，便会遭到攻击。除了利用气味，它们还可以利用触须来识别敌我。因为，它们的触须上有很多专门管气味的细胞，它们之间碰碰触须就能辨认清楚了。一旦发现不是本家族的，就立即厮杀起来。

有人认为，蚂蚁成群打仗厮杀与群体大小有直接关系。单只的蚂蚁相遇厮杀斗争的机会就少些。

蚂蚁是怎样交流信息的

蚂蚁找到食物不能独自搬运回去时，就会很快地返回蚁巢，纠集许多同伴来共同搬运。这个现象说明，蚂蚁是能够互相交流信息的。蚂蚁不会发声，那么，它们是怎样互通消息的呢？

蚂蚁的活动往往是通过触角来联系的。你仔细观察一下，当一只蚂蚁发现一块食物，它在奔回蚁巢时的行动就会很匆忙，与另一只蚂蚁碰到一起时，就用两根触角互相触碰一下，刺激同伴去找食。这样一个传一个，使更多的同伴受到刺激出来找食。

第一个发现食物者，在返回蚁巢时，已经在沿途留下了一些气味，这是从腹尖的肛门和足上腺体分泌出一种叫做路标信息素的分泌物。被动员出来的蚂蚁闻到这种气味就会顺着这个特殊的路标找到食物，并把食物搬运回巢。另外一些视觉比较发达的蚂蚁种类，平时认路主要是靠眼睛，被动员出来的同伴就会用眼睛四处搜寻。

科学家认为，蚂蚁的触角触碰有一套复杂的方式，这些不同的触碰，就相当于它们的一套"语言"。

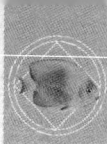

为什么说大黑蚂蚁很神奇

大黑蚂蚁是一种强而有力的滋补药，其性味甘平，无毒，能益气强身，活血通络，去湿解毒。其色黑入肾，具有补肾益精的显著作用。其含蛋白质成分高，富含人体必需的氨基酸及各种微量元素、维生素和一些高能磷化物。

以大黑蚂蚁制成的食用蚂蚁粉和滋补酒对强身壮骨、扶正祛邪、增加人体免疫能力和性功能方面均有明显效果。蚂蚁制剂对人类免疫功能的影响十分奇妙，妙就妙在它能促进胸腺、脾脏等免疫器官的增生和发育，能使血液细胞数增多，溶菌酶活性和吞噬细胞的能力增强，提高对抗原中的抗体水平等。

大黑蚂蚁还有抗风湿的奇特本领，因为它们长期生活在相对温度80%以上的环境中而从不得风湿病。而且，大黑蚂蚁在防治乙肝上能大显身手，不仅是中医药界的一大突破，更是广大患者的福音。

为什么跳蚤能跳得很高

大家都知道，跳蚤是个出了名的吸血鬼，你熟睡的时候，可能会被它咬醒，疼痒难耐，实在烦人。

别看它又扁又小，头小又无翅膀，但是，要对付小小的跳蚤可不是一件容易的事，要捉住它就更难了。因为它是昆虫世界的跳跃冠军，它一跳就是自己身体长度的数倍，就这一点来说，任何善跳的高等动物都望尘莫及。

为什么跳蚤具有如此惊人的跳跃本领呢？昆虫学家经过研究知道：跳蚤的后足非常发达，而且足的长度比整个身体还要长，又特别粗壮。它在跳跃前，肌肉发达的胫节紧靠腿节，然后用力收缩强大的胫节提肌，收缩得越紧，舒展开时的力量就越强，跳得也就越高。这与人的手臂若先收缩起来再向外伸展开力量就更强的道理是一样的。

跳蚤的跳跃与其他昆虫跳跃相比，还有一点不同，它在跳跃前，中足和前足也后蹲，来协调整个身子的跳跃运动，这样，它跳得就更高了。

另外，跳蚤跳跃时，它会在空中翻跟斗，如果一旦碰上障碍

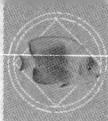

物，它可立即改变方向，向适合于它停留的地方跳去。跳蚤的跳跃本领是多么微妙啊！

雄蚊子为什么不吸血

盛夏的夜晚，当你睡觉的时候，最让人感到烦恼的就是蚊子的叮咬。它们常围着你哼哼叫，一不留神就叮你个大包。如果我们把蚊子拍死后，就会发现这些叮人的蚊子全都是雌的。

为什么雄蚊子不吸血呢？我们要从蚊子的口的结构来看。蚊子的口称为口器，是由6根口针组成：即上唇1根，上颚2根，下颚2根以及舌1根。这6根针位于下唇的纵沟中。再看看蚊子是怎样吸血的。雌蚊子吸血时，下唇先向后弯，用其端部唇瓣握着针簇，下颚先螫入皮肤，然后其他口针随着伸入，直伸到血管中去吸血。而雄蚊子的口针退化了，它的下颚短小细弱，不能螫入人的皮肤，所以雄蚊子一

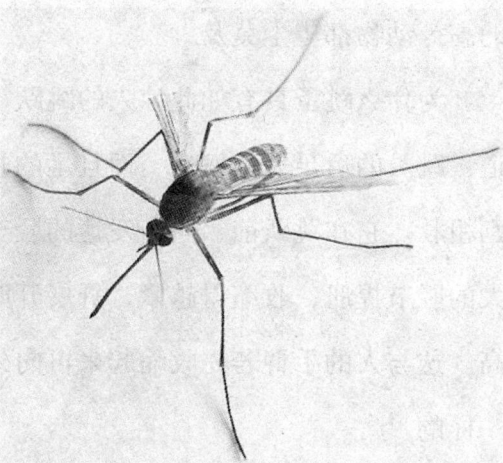

般是不能吸血的。

雌蚊子吸血主要是为了繁殖后代，雌蚊子只有吸血后卵才能成熟。雌蚊子的寿命比较长，还有一小部分雌蚊子体内贮存脂肪，可以潜伏在比较温暖、潮湿的角落中过冬。到第二年春天暖和后，又飞出来吸血繁殖。这就是刚一春暖就有蚊子出现的原因。

雄蚊子一般靠吸花蜜以及植物的汁液为营养素维持生命。雄蚊子的寿命也比较短，一般仅为 1 周左右。

被蚊子叮了以后为什么会发痒

夏夜纳凉，最担心的就是蚊虫，冷不防被它叮了以后，皮肤上就会鼓起一个小包，又痛又痒十分难受。为什么被蚊子叮了以后皮肤会发痒呢？

这是因为蚊子在吸血时，为了使血液不凝固，而将唾液分泌进我们血中的缘故。蚊子的唾液中有令人发痒的液体。

蚊子有一个最大的特性，就是它的嘴部有一根细长的管子，叫做口器。口器的最外侧是上唇和下唇，这两片嘴唇的形状和水槽一样，由上到下很吻合地包着口器，起保护内部的作用。口器里排列着一对上颚和下颚，中间有一个像枪似的舌头。蚊子吸血时，先用

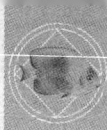

上、下颚前端的牙齿刺破人的皮肤，接着再插入口器。这时，除下唇被压弯在外面外，其余的部分都插入了皮肤里面。与此同时，蚊子胸部的排毒器官排出的唾液，经由口器流入人体的血液中，使得血液不凝固，而使蚊子轻易地将血液吸进肚子里。被蚊子叮了以后，皮肤会觉得痒，就是这股唾液作怪的原因。

我国劳动人民早知道焚烧蚊虫香或燃点艾叶等药草，能驱避蚊虫，或者在杀虫剂中加些它喜欢的引诱物，用以诱杀蚊虫。

为什么蚊子吸入各型血后不会死亡

人们都知道，人类的血液有很多种血型，主要有 A 型、B 型、AB 型、O 型四种类型。血浆里含有凝集素，细胞里含有凝集原。当凝集原与相应的凝集素相遇以后会使血浆发生凝集反应，造成溶血而死亡。所以，人们在输血时对血型的选择是十分严格的，一般只能输同种血型的血。

可是你也许会想，蚊子在吸了人的不同血型的血之后，为什么不会死亡呢？

溶血反应是把血液输到血管里两种血型的血直接相遇而发生的。而蚊子是把血液作为食物吸入它的消化道内的，所以，蚊子吸入各型的血液后是不会死亡的。而且，蚊子的血液与人类的血液是截然不同的。人的血液流出体外后，由于血液中含有血小板，在血小板的作用下，遇到空气会逐渐地凝固。而蚊子吸入的血液却不会凝固。一般认为，在蚊子体内有一种酶，这种酶能阻止血液凝固。

为什么蚊子喜欢叮穿黑色衣服的人

一提起蚊子，没有人不讨厌它的。在炎热的夏夜，我们在庭院中乘凉，最烦人的就是蚊子，它们常常飞到我们皮肤上吸血，而且它们更喜欢叮穿黑色衣服的人，这是为什么呢？

蚊子的头部有一对大眼睛，几乎占去头部大部分的地方。这对眼睛叫复眼，是由许许多多小眼组成的，这对眼睛不但能够辨别物体，同时可以区别不同颜色以及不同强度的光线。

蚊子最喜欢弱光，全暗或强光它都不喜欢。但是，因为蚊子的种类不同，所喜欢光线的强弱也有所不同，例如，库蚊和按蚊多半在黎明或黄昏时出来活动，而伊蚊却多半在白天活动。不论在白天活动的还是晚上活动的蚊子，都喜欢避开强光，即使是在白天活动的伊蚊，也不在光线最强的时候出来，而是在午后三四点钟才开始活动。

黑衣服反射的光线较弱，比较适宜蚊子的生活习性。相反，白色衣服反射的光较强，对蚊虫就有驱避作用。因此，穿黑色衣服比穿白色衣服被蚊子叮咬的机会要多。

为什么说黏虫是绿色植物的杀手

黏虫是害虫阵营中的一员大将。黏虫蛾子像飞蝗一样，能成群结队远距离迁飞。它们飞行速度很快，每小时可飞行 40—80 千米，并可以不停顿地连续飞行七八个小时，飞行高度约 200 米。如果这群飞蛾在某个地区停下来产卵的话，那么这个地方就会繁殖大量的黏虫。由于黏虫蛾是夜间飞行而白天隐蔽，很不易被人发觉，所以当人们发现幼虫危害时，它们的数量已经是相当惊人了，人们因此称它们是暴发性的害虫。幼虫把一处庄稼吃光后又成群结队地迁移他处，速度快而又行动一致，就像军队行军一样，所以人们又叫它为"行军虫"。我国各地都发生过严重的黏虫灾害。

1970 年云南省黏虫灾害，有的地方一个人一早上可捕捉幼虫两三挑。1 亩地有黏虫二十多万只，仅宜良一个县捕捉到的幼虫即达二百七十多万吨。人们在田埂上望去，只见黑压压一大片，嚓嚓之声令人毛骨悚然。随着栽培制度的改变，黏虫灾害的发生更加频繁，发生面积不断扩大。1970—1978 年全国共有 6 次大的黏虫灾害，1977 年全国黏虫发生面积达 1.8 亿亩。

多年来，有关科学研究单位密切协作，通过标记回收，海面捕蛾以及对各地黏虫发生规律的分析研究，基本明确了黏虫的越冬以及远距离季节性地南北往返迁飞危害的规律，为进一步提高预报和防治提供了科学依据。

你知道"洋辣罐"吗

春天到来了，在北方的榆树枝上，经常可以发现大小、形状像鸟蛋一样的小罐罐，俗称"洋辣罐"。有的时候是一个空罐，顶端有一个圆圆的洞；有的时候密封完好，"小主人"仍然在里面酣睡。它们是刺蛾的茧。刺蛾的蛹封闭在光滑而坚硬的石灰质茧内，有的刺蛾的茧上具花纹。羽化时茧的一端裂开圆盖飞出。

一般昆虫做的茧都比较柔软，为什么洋辣子做的茧是个硬壳呢？它的小房子是怎么建造的呢？洋辣子是刺蛾的幼虫，以寄主叶片为食。幼虫经过几次蜕皮长大，发育为老熟幼虫即不再取食，因为它体内积累的营养已足够它过冬、化蛹和变为成虫的消耗了。幼虫首先离开寄主树木的叶片，爬到小枝杈上，选择一个合适的地

方，用嘴清理掉枝杈上粗糙的表皮和污物，然后吐出少许丝把自己罩住，并作为将来做茧的骨架，再从肛门排出大量有黏性的灰白色液体，随后它在丝罩内蠕动和旋转，将黏液均匀地涂抹在丝罩上。此时茧仍透明，能看见幼虫活动情况。刚做好的薄茧是个半圆形，幼虫身体上的那层棕色表皮色素斑纹，就贴附在薄茧上，将成为"鸟蛋"的条纹。随后它又一边吐丝，一边从口器中吐出绿色黏液，用以加固房壁，直到吐完，它才紧缩身体，隐居小房内过冬。原来透明的薄茧，在空气中干燥后，即凝结成不透明的硬壳，并由原来的半圆形变成了椭圆形。到此为止，洋辣子的这所建筑在高高树杈上的独居小别墅就算大功告成了。

雨虫的消化是在体外进行的吗

雨虫的消化，是在"体外"进行的。

雨虫的幼虫有一条非常狭小的食道，其柔嫩而没有肌肉支撑的食道实在难以将食物吸进去，倒是它的食管周围的组织能产生消化液，并以渗透的方式进入食管内，再由食管输送到体表。由体表的一些特殊小管分泌出一种酶，当食管输送消化液到体表时，这种酶与消化液汇合，于是，雨虫的幼虫便用表皮上的消化液直接吸收寄主的组织，在身体外面完成消化工作，并通过血液把消化吸收的营养输送到全身。

既然雨虫是体外消化，那么它们的肠子又派什么用场呢？原来，食物进入血液后只有一部分用于长身体，其余大部分则不像通常那样由肠子转入血液，而是反其道而行之，从血液转入肠道。在雨虫的肠子里填充着一些特殊的细胞，食物变成了蛋白质和脂肪颗粒在这里储存下来。雨虫的成虫不吃不喝，而是靠这些"库存"的养分来实现性成熟，进而繁衍后代、生儿育女。

五倍子虫是如何为子女"牺牲"的

五倍子幼虫的养分来源与其说是享用储藏食物，莫不如说是把其母亲的身体当成了可口的食物。作为母亲，它们充分表现出一种无私的献身精神。

五倍子虫在春天里由卵孵化出幼虫，这种幼虫似乎是先天不足，压根儿就不可能发育成熟，但却能奇迹般地繁殖后代。五倍子虫的幼虫在自己的体内生儿育女，而不是像通常那样产卵。一旦它们的体内有8—13个女儿的时候，母亲的肌体就会被这些女儿们从内部蚕食精光，而只剩下一个躯壳。母亲这种献身的牺牲精神并不

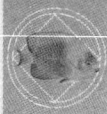

会使女儿们感到羞愧，因为它们自身的体内也得容下十几个女儿蚕食。只有在秋季里问世的一代五倍子虫的母幼虫，才能幸免于女儿们的蚕食瓜分而保全玉体，顺顺当当地蜕变成蛹，再由蛹羽化为成虫。

你知道瓢虫的一生吗

瓢虫是一类完全变态的昆虫，即它的幼虫期与成虫期在外部形态上完全不一样。瓢虫一生经过 4 个虫态：卵、幼虫、蛹和成虫。有时我们把最后一龄幼虫（即老熟幼虫）化蛹前不食不动期称为"前蛹期"。

瓢虫的卵通常是亮黄色或红色，暴露在外，具有警戒作用，告诉它们的天敌，"我们并不好吃"。通常 2—7 天就能孵化。瓢虫卵块的大小（也有单个产的），与瓢虫的食性和习性有关。

幼虫是瓢虫的第二个虫态，生活期多在 1—3 个星期，从卵开始长到漂亮的成虫全靠幼虫期的取食。瓢虫幼虫生长迅速，食量很大，共蜕 3 次皮，每蜕 1 次皮幼虫就长大 1 龄，因而共有 4 个龄期。

4 龄瓢虫幼虫在化蛹前用腹部末端黏在植物表面，身体稍拱起并缩短，不再取食，通常也不动，而体内却进行激烈的组织重组，以便进入蛹期。有时前蛹期的虫体也会动，把身体挺立起来，赶走像蚂蚁一类的小昆虫。

蛹是瓢虫的第三个虫态，化蛹的过程很短，有时只需几秒钟就能完成，一般情况下很难观察到。蛹也会动，急速的挺立可以把蚂蚁这样的小昆虫赶跑。但有时未见干扰，蛹自己也会挺立起来。蛹的生活期2—10天。

经过脱胎换骨，面貌一新的成虫出现了，但"本性"难变，它仍保持幼虫原来的食性。幼虫是捕食蚜虫的，它仍捕食蚜虫；幼虫是取食植物的，它仍取食植物。这与常见的蛾、蝶不同，它们的幼期毛毛虫取食植物，而蛾、蝶则取食花蜜。成虫可生活几个月，有的长达1—2年，实验室最长的纪录是黑缘红瓢虫，生活了将近3年。

你知道美丽的七星瓢虫吗

瓢虫是一类小甲虫，全世界已发现有3800多种，我国已知的近300种，其中，最常见的是七星瓢虫。七星瓢虫体形像半瓣黄豆，鞘翅呈橙红色，上面有七个黑色斑点。民间称七星瓢虫为"花大姐"。

七星瓢虫在不同季节的活动场所不一样。冬天，七星瓢虫在小麦和油菜的根茎间越冬，也有的在向阳的土块、土缝中过冬。春天，一旦气温升到10℃以上，越冬的七星瓢虫就苏醒过来，开始活动，在麦类和油菜植物株上能找到它。夏天，随着气温升高和食物增多，七星瓢虫大量繁殖，凡是在有蚜虫和蚧虫寄生的植物，如棉花、柳树、槐树、榆树、豆类等植株上，都能找到七星瓢虫，有时甚至出现大批七星瓢虫聚集的景象。秋天，田间七星瓢虫的数量减少，它常在玉米、萝卜和白菜等处产卵，这时候，早晚的气温较低，七星瓢虫往往隐蔽起来，不易发现，需在上午7点钟以后至太阳下山之前采集。

越冬的七星瓢虫不食不动，只要找到，捕捉很方便，用手就能捉住。其他季节的七星瓢虫善爬能飞，可以利用它的假死习性，用塑料袋迅速套住栖息着七星瓢虫的枝条，抖动一下，七星瓢虫立即掉落在袋里，接着，把枝条抽出，扎紧口袋。

人工饲养七星瓢虫，首先要解决饲料问题。可以到野外采集天然饲料——蚜虫，但这种方法费工多，有时还不易采到。所以用人工培养大量蚜虫，满足七星瓢虫食用需要。可用蚕豆苗人工培养蚜虫。当分栽的蚕豆苗长出 30—40 厘米高时，把野外采集的少量蚜虫放在豆苗上，在室温 20℃—30℃、相对湿度 60%—70% 的条件下培养 10—15 天，蚜虫就能大量繁殖，这时就可用蚜虫做七星瓢虫的饲料。

把七星瓢虫放在玻璃瓶里，瓶底垫一张草纸，纸上放一个盛湿药棉球的小瓶盖，以保持瓶内的湿度，瓶口盖上纱布，并用橡皮筋系紧。每瓶放进七星瓢虫 1—2 对，每天投一次饲料，它们就能正常生活，并能繁殖后代。

七星瓢虫一生要经过卵、幼虫、蛹和成虫 4 个不同发育阶段。人工饲养七星瓢虫的成虫，室内的温度要控制在 20℃—25℃ 之间，相对湿度在 70%—80%，成虫产卵时要求温度较高，可在 25℃ 饲养。但饲养幼虫以平均温度 20℃ 左右为好。

七星瓢虫大量繁殖后，可以放到田间，帮助人类消灭蚜虫和蚧虫。如棉田出现大量蚜虫危害，这时可以把七星瓢虫散放到棉田里，它就能将蚜虫吃掉。

散发时，在棉田边走边放七星瓢虫，走几步放几只，以求散放均匀。

（1）掌握好散放时间，以傍晚时散放为宜。因为傍晚气温较低，光线较暗，七星瓢虫活动性较弱，不易迁飞。

（2）采用成虫和幼虫混放。因为幼虫没有迁飞能力，不会逃逸，而它也有吃蚜虫的本领。

（3）散发前一天停止喂食，再进行散放，可以降低七星瓢虫迁

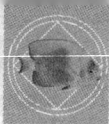

飞活动能力。

（4）散放后两天内，不进行中耕和其他田间管理，以免使七星瓢虫受惊迁逃。

你知道威武雄壮的独角仙吗

独角仙又称双叉犀金龟，体大而威武。不包括头上的犄角，其体长就达 35—60 毫米，体宽 18—38 毫米，呈长椭圆形，脊面十分隆拱。体栗褐到深棕褐色，头部较小，触角有 10 节，其中鳃片部由 3 节组成。

独角仙一年生一代，成虫通常在每年 6—8 月出现，多为夜出

昼伏，有一定趋光性，主要以树木伤口处的汁液或熟透的水果为食，对农作物、林木基本不造成危害。幼虫以朽木、腐烂植物为食，所以多栖居于树木的朽心、锯末木屑堆、肥料堆和垃圾堆，乃至草房的屋顶间。幼虫期共蜕皮 2 次，历 3 龄，成熟幼虫体躯甚大，乳白色，约有鸡蛋大小，通常弯曲呈"C"形。老熟幼虫在土中化蛹。独角仙广布于我国的吉林、辽宁、河北、山东、河南、江苏、安徽、浙江、湖北、江西、湖南、福建、台湾、广东、海南、广西、四川、贵州、云南；国外有朝鲜、日本的分布记载。在林业发达、树木茂盛的地区尤为常见。

独角仙除可作观赏外，还可入药疗疾。入药者为其雄虫，夏季捕捉，用开水烫死后晾干或烘干备用。中药名独角螂虫，有镇惊、破瘀止痛、攻毒及通便等功能。

1976 年有人从独角仙中提取到独角仙素，具有一定的抗癌作用。

为什么说大山锯天牛是中国最大的天牛

大山锯天牛体型巨大，体长 63—110 毫米，体宽 20 毫米以上，为我国最大的一种天牛。体色深棕红至棕褐色，头部、前胸以及触

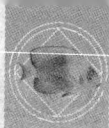

角色泽深暗，时呈黑褐色。头顶两侧有极细的短黄毛。前胸背板宽阔，中央显著隆起。两侧边缘有大小不匀的尖锐锯齿，前角一齿最大，其尖端弯向后方，后角齿也较尖长，略向后弯。表面光滑，有六个黄色粉毛斑点，中央两个较大。小盾片密覆黄色粉毛。鞘翅略比前胸宽。两边稍微翻起，端部稍窄，前部中央高隆，表面很光滑，呈微细革纹状并覆有细短灰黄毛。后缘圆形，内缘角尖细。腹面中央极光亮。两旁生密毛，刻点也很细密。足部爪节几乎等于其余3节长度之和。

雄虫头部覆毛较多，上颚极粗大，尖端及上面有分叉。触角粗长，约伸展至鞘翅端部，第三节至末端各节上面粗糙似颗粒状，下面密生细齿突。前胸背板表面没有雌虫光亮，六个粉毛斑点微呈凹窝，两边近于平行，锯齿除前角齿外均极细小。鞘翅基部几乎与前胸背板等宽。

寄主植物是蒙古栎。它主要分布在我国东北及西伯利亚、朝鲜等地。

你知道"窈窕淑女"吉丁虫吗

"窈窕淑女，君子好逑"，古人的诗句道出了人们对美好事物的追求与向往。人们总认为蝴蝶是最美丽的昆虫，但是当你认识了吉丁虫之后，就会知道吉丁虫的特别，且别有韵味。

吉丁虫科的种类很多，全世界约有 13000 种，我国已知 450 多种。各种体型差异较大，小的不足 1 厘米，大的超过 8 厘米，大多数色彩绚丽异常，似娇艳迷人的淑女。触角锯齿状，共 11 节。前胸腹板发达，端部伸达中足基节间。体形与叩头虫相似，但前胸与鞘翅相接处不凹下，前胸与中胸密接而无隆起构造。

令人遗憾的是它们的幼虫长得奇丑无比，真可谓"虫大十八变"，这就是昆虫变态的奇妙之处。尤其令人不能容忍的是幼虫专门蛀食树心，使之枯萎死亡，是果树、林木的重要害虫。尽管如此，幼虫却是一味中药材，能治疗疾病，将功补过。

据说日本人尤其喜爱吉丁虫，认为它们艳丽的鞘翅能驱赶居室害虫，因而常把鞘翅镶嵌在家具上，既有驱虫之效，又具装饰之美。吉丁虫的鞘翅确实漂亮至极，在灯光或阳光下，能闪烁出灿烂的金属光泽，如同晶莹的珠宝。

吉丁虫成虫喜欢阳光，在树干的向阳部分容易发现它们。它们的飞翔能力极强，既飞得高，且飞得远，所以不易捕捉，但当它们栖息在树干上时，却很少爬动，是捕捉的好时机。

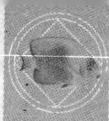

你知道龙虱吗

龙虱是鞘翅目，龙虱科。小到大型，长卵流线形，扁平，光滑。体背腹面拱起，触角丝状，11节，下颚须短。头部缩入前胸内。后足为游泳足，后基节与后胸腹板占据腹面的一大半。胸部腹面无针刺。

世界已知约4000种，我国记载约200种，常见的有黄缘龙虱等。

它是完全变态。成虫、幼虫都生活在静水或流水中，少数见于卤水或温泉内，均能捕食软体动物、昆虫、蝌蚪或小鱼。幼虫尤其贪食。成虫有趋光性，成虫的臀腺能释放苯甲酸苯、甾类物质，对鱼类和其他水生脊椎动物有显著毒性，可危害稻苗和麦苗。

龙虱游水的速度很快，它的流线型躯体很像一艘快速潜艇。两对长而扁的中后足上长着排列整齐的长毛，活像一只四桨的小游船。龙虱体小灵活，便于追逐鱼类。它用刺吸式的口器，吸吮鱼体内的血液，任凭鱼类如何摆动，它都扒在鱼体上不会掉下来。有时几个龙虱会同时追逐一条鱼，最后将鱼制服而死，它们便获得了一顿美餐。龙虱除捕食鱼类之外，还捕食水中其他小动物，是养鱼业的害虫。

龙虱是怎样繁殖生育后代的呢？到了性成熟发育期，雄龙虱便追赶雌龙虱，用它前足跗节基部膨大的圆形吸盘吸附着雌龙虱光滑的鞘翅前部两侧，并爬到雌龙虱体背进行交配。由此看来，龙虱还是雌雄异型。雌龙虱把受精卵产在水草上，靠水的温度孵化出小幼虫。小幼虫没有贮气囊，只靠体内气管贮存很少空气，所以在水中的潜伏时间不能太长，要经常游到水面，将腹末的气管露出水面排出废气，吸入新鲜空气。龙虱幼虫以小鱼、蝌蚪等动物为食，但它没有明显的嘴，上颚也没有嚼碎食物的功能。它的上颚是中空的，基部有一分泌消化物质并连着口腔和食管的小洞，靠近尖端有一个吸取液体食物的小洞口。捕到猎物时，它首先从食管里吐出有毒液体，通过空心的上颚，注入猎物体内，将其麻醉，同时吐出具有强烈消化功能的液体，将猎物体内物质稀释，然后吸食经过消化的物质。所以，龙虱幼虫的取食消化方式称为肠外消化。

人类的水下作业或深海考察，一般是由潜水员完成的。潜水员需要携带氧气和一套设备，才能维持比较长时间的水下工作。昆虫中也有很多潜水能手，龙虱就是其中杰出的一类，它能长时间潜入很深的塘底。即使冬季，它也能在很厚的冰层下的水底长期潜伏，不会因缺氧窒息而死。寒冬过后，冰层融化，它才结束水下越冬潜伏生活，开始自由自在地在水中游动。它的祖先原在陆地生活，后来由于地壳的变动而演变为水生，所以它还保留着祖辈呼吸空气的特征。在龙虱鞘翅下面有一个贮气囊，这个贮气囊有着"物理鳃"

的功能，龙虱在水中上下游动时它还起定位作用。龙虱停在水面时，前翅轻轻抖动，把体内带有二氧化碳的废气排出，然后利用气囊的收缩压力，从空气中吸收新鲜空气。空气中氧的含量比水中多很多倍，因此水生昆虫在长期的进化演变过程中，学会了各种吸取空气的办法。龙虱依靠贮存的新鲜空气，潜入水中生活。当气囊中氧气用完时，再游出水面，重新排出废气，吸进新鲜空气。

你知道有趣的水龟虫吗

　　水龟虫外形长得像龙虱，和龙虱生活在同一水域生态环境。它体呈流线型，背腹面拱起，但体背比龙虱更凸出一些，体色比龙虱更深一些（近乎黑色），腹面较平，多数种类胸部腹面有一个粗而直的针刺，贴在胸部腹面向后伸长（龙虱无针刺），下颚须长，与触角等长或更长。从这几点就可以区分它们了。这种硬壳虫善于在水中物体上爬行，当它游向水面时，经常在水面上打转转。

　　水龟虫又属牙甲科，世界已知约2000种。水龟虫触角6—9节，端部3—4节略膨大，在触角的一侧有一条浅槽，由拒水性毛将其覆盖，从而形成一条管道，呼吸时游向水面，将头露出，空气从触角一侧的管道进入，贮藏在腹面密集而不会被水沾湿的短毛上。此时在毛上可以形成一个很大的空气层，腹面因密集水泡而变成银白色。水龟虫在水下靠鞘翅和腹板的运动将气泡中的空气吸入鞘翅下面的贮气腔和气管内。它在水中的换气也是靠触角进行的。水龟虫成虫一般为植食性，幼虫为腐食性或肉食性，捕食蝌蚪和小鱼等动物，有些种类危害水稻。

为什么说松象虫是松树的害虫

　　松象虫本种又叫松大象鼻虫、松树皮象。成虫体长 7—13 毫米，身体和鞘翅均为深褐色，胸背面不规则地布满圆形大小不等的刻点。触角膝状，有柄，着生于喙的前半部。前胸有由金黄色磷片

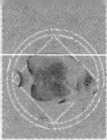

构成的圆点四个（背中线两侧各二个）。鞘翅上有近长方形似的虚线状纵向排列的刻点和金黄色鳞片组成的"X"形花纹。雄虫腹部背面 8 节；雌虫腹部背面 7 节。卵约 1.5 毫米，椭圆形，白色微黄，透明。散产于伐根皮层上或泥土中。幼虫弯曲，无足。老熟时体长 10—15 毫米，头部黄褐色，身体白色。腹部 9 节。第 1 胸节与第 1—8 腹节上各有一对椭圆形的气门。裸蛹，长度与成虫相等，除上颚与复眼黑色外，全体白色，身体上布满对称排列的刺，腹端方形，并有一对大的保护刺。

松象虫在小兴安岭林区两年一代，以成虫及幼虫两虫态越冬。5 月中下旬，越冬成虫开始活功，集中于落叶松更新地上取食并交尾，为害两年生以上的幼树。6 月中旬以后，成虫自更新地向采伐地扩散，到伐根下去产卵。6 月下旬以后新孵化的幼虫陆续出现，在伐根的皮层或皮层与边材之间作隧道活功取食。到 9 月末，大部分幼虫已经老熟，在皮层、皮层与边材间或全部在边材以内作椭圆形蛹室休眠。少数孵化较晚的幼虫，越冬时尚未老熟，翌春需再取食一段时间，才作蛹室休眠。上年秋末已经老熟的休眠幼虫，经越冬阶段后，于 7、8 两月化蛹，7 月末以后开始羽化为成虫。大部分新成虫潜伏蛹室中约半月后，即自伐根爬出土面来，找寻幼材取食为害。当年不交尾产卵。9 月底后，在落叶松幼树根际的枯枝落叶丛中越冬；少数羽化较晚的成虫，并不出土，在蛹室内越冬。自卵孵化而至羽化成虫，成虫再产卵，历时 2 周年。

松象虫的为害时期是成虫（幼虫在伐根内寄生，经济上的损失较小)。它在梢头下咬食树干的韧皮部，造成块状疤痕，并流出大量的松脂来。如疤痕很多，将树干围成一环时，梢头就枯死。受松象虫为害的幼树，一般是主干枯死，几条侧枝同时向上生长，树冠大而高度不够，使干材生长不良，失去经济利用价值，受害严重者甚至全株枯死。

为什么水黾不沉

水黾之所以能安全地生活在水面上，站立或快速行走，并不像一些研究者所认为的那样，依靠的是分泌的油脂所产生的表面张力效应。实际上，水黾是利用其腿部特殊的微纳米结构效应实现了超疏水的现象。尽管分泌在水黾腿部表面的油脂是疏水的，但它所提供的表面张力是非常小的，可以支撑水黾静静地站立在水面上，就如同涂抹了食用油的变形针能在水面上一样，然而却是不足以支持昆虫在水面上快速奔跑的，因为稍微的接触或其他的扰动就会使得它沉没。

通过高分辨的发射电子扫描显微镜的观察，研究者发现水黾的腿上覆盖有无数取向的针形的细小刚毛。有趣的是，在每个刚毛的表面还有更加精细的螺旋的纳米尺度的沟槽结构。正是这种特殊的

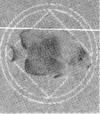

微纳米结构，使得空气能够被有效地吸附在这些微米刚毛和纳米沟槽的缝隙内，在其表面形成了一层稳定的气膜，从而阻碍了水滴的浸润，宏观上表现出水黾腿的超疏水特性，允许它在水面上踩出 4 毫米多深的水涡也不会刺破水面。对其腿的力学测量表明：仅仅一条腿在水面的最大支持力就达到了其身体总重量的 15 倍。正是水黾在水面上的这种超强的负载能力，允许它毫不费力地站在水面上，并能快速地奔跑和跳跃，即使在暴风骤雨或湍急的水流中也能行动自如而不会淹死。

你知道武装到牙齿的锹 甲吗

锹甲是鳃角类甲虫中一个独特类群。强大的上颚是它作战的武器，真可谓武装到牙齿。体中型至特大型，多大型种类。长椭圆形或卵圆形，背腹相当扁圆。体色多棕褐、黑褐至黑色，或有棕红、黄褐色等色斑，有些种类有金属光泽，通常体表不覆毛。雄虫头部大，接近前胸之大小，上颚异常发达，多呈鹿角状，同种雄性个体也因发育程度不同，大小、简复差异也甚显著，唇基形式多样。复眼通常不大，有时刺突延达眼的后缘而分眼为上下两部分。触角肘状 10 节，鳃片部 3—6 节，呈梳状。前胸背板宽大于长。小盾片显

著发达。鞘翅发达，盖住腹端，纵肋纹常不显或不见。腹部可见 5
个腹板。中足基节明显分开，跗节 5 节，爪成对简单。

成虫食叶、食液、食蜜，幼虫腐食，栖食于树桩及其根部。成
虫多夜出活动，有趋光性，也有白天活动的种类。全球已记有近
800 种，我国约记有 150 种。

屎克螂为什么要滚粪球

每到夏秋季节，在田野和道路旁边，常可以看到一对对乌黑油
亮的甲虫，在滚动着一块灰黑色的粪球，这就是人们常说的"屎克
螂滚粪球"。

屎克螂滚动的这个粪球是怎样形成的呢？原来屎克螂的头前面
长着一排像"钉耙"样的很宽的硬角，屎克螂夫妇用这把"钉耙"
将潮湿的人畜粪便堆集起来，压在身体下面，用足搓动，搓成一堆
不大也不圆的块状，经过慢慢地旋转，就成了葡萄大小的圆球。于
是，这对小甲虫就一前一后地把圆球推着滚动，粘上一层又一层的
土，如果地面上的土太干粘不上时，它们还会自己排粪便粘土呢。
这个圆粪球，就是这么一对雌雄甲虫合作的"杰作"。

屎克螂推粪球是干什么用的呢？原来是为它们的儿女贮备"粮

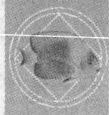

食"，等推到一个比较安静的地方后，它们就用"钉耙"和足，将粪球下面的土挖松，使粪球逐渐下沉，再将松土从四周翻上来，直到粪球下沉到0.6米左右深时，雌虫

就趴在粪球上产卵，然后这对甲虫从松土中间往上爬，同时逐层向上压紧，直至与地面平齐。

过了一段时间，卵就孵化出白色的幼虫，幼虫把粪球作为食料，逐渐成长。可见，屎克螂滚粪球是昆虫为适应生活传宗接代的一种本能，这粪球还是它们后代的"美味佳肴"。

为什么蚕最爱吃桑叶

很多人都养过蚕吧，大家总要去采摘桑叶来给它吃，为什么蚕最爱吃桑叶呢？

这要从历史的原因来说，大约距今1.8万年以前，地球上就已经有桑树一类的植物了。桑树最早生长在亚热带地区，是常绿植物，后来到温带地区，才慢慢变成落叶植物的。桑树是高大的乔大，叶子长得又大又茂盛，许多昆虫寄生在它上面生活，蚕就是吃桑树叶子的一种昆虫。

蚕生来不一定非要吃桑叶，到目前为止，蚕能吃的叶子不下20种，如蒲公英、榆树叶、生菜叶、莴苣叶等等，但是蚕最爱吃的还是桑叶，这是因为蚕以桑叶为食的时间最长，一代一代地繁殖在桑树上，逐渐形成了最习惯于吃桑叶的特性，也变成了遗传性。

为了研究蚕为什么最爱吃桑叶，科学家曾做过实验，把桑叶经过高温干馏后，得到一种有挥发性、散发出很像薄荷类气味的油性物质，把它滴在纸上，在30厘米以外的蚕闻到这种气味以后，就很快地爬过来。可见这种气味是蚕最熟悉的信息。

蚕是靠它的嗅觉和味觉器官来辨别桑叶气味的，如果破坏了这些嗅觉和味觉器官，它就无法辨认桑叶的气味，这样随便吃些其他植物的叶子它也能生存的。

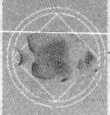

蝼蛄为什么要鸣唱

蝼蛄俗名叫喇喇蛄，是一种土里钻来钻去的地下害虫。在土质疏松的地区，活动猖獗。它钻行于地表之下，咬食农作物根部，使农作物根系受损，不能很好地吸收水分和养分，造成作物死亡。

蝼蛄主要在夜间出来活动，时常可听到一片咕咕的鸣叫声，这是雄蝼蛄在鸣唱。蝼蛄的鸣叫是用翅膀互相摩擦产生的，而且只有雄蝼蛄的翅膀才能摩擦出这种声音。雄蝼蛄的鸣叫是它们在繁殖期为了吸引雌性蝼蛄而发出的，雌蝼蛄听到歌声后，就会慢慢地爬过去进行交配，进而繁殖后代。原来这是蝼蛄为了繁衍后代的一种本能。

因为蝼蛄是一种害虫，危害农作物，昆虫学家利用蝼蛄这种特点，发明了一种"声诱灭蛄法"，达到消灭蝼蛄的目的。

但是，雄蝼蛄的鸣唱声有地域性，即不同地域的蝼蛄声音有差别，而雌性蝼蛄只被本地域的雄性声音所吸引，因此，用这种"声诱灭蛄法"要在本地域进行才管用。

为什么说蟋蟀好斗

秋天晴朗的夜晚，闪烁的星光带来一片静谧。这时，草丛中、墙角边，常常会传来一阵阵的叫声，清亮的声音划破了宁静的夜空。

很多人都知道，这种好听的声音是蟋蟀发出来的。蟋蟀又叫蛐蛐儿，它是一种喜欢鸣叫的昆虫，而它更出名的却是好斗的习性。

两个雄蟋蟀相遇时，一场恶战常常是免不了的。这时，它们会振翅鸣叫，好像打仗前吹起的冲锋号。然后，蟋蟀就会龇牙咧嘴地扑向对手，撕咬打踢无所不用，一直打到一方被甩到一边，或者断了腿脚败下阵来。获胜者常常昂首振翅，响亮而长久地鸣叫；而被打败的蟋蟀有时居然也会又轻又短地"哼"上两声，听上去显得有气无力。

很多人以为，蟋蟀叫起来特别响亮，它的嗓子一定很发达；还有人以为，蟋蟀长着一对大门牙，天生就是喜欢"打架"的料……

其实蟋蟀的"叫声"根本就不是从嘴里发出来的，每当它鸣叫时，它那两片半透明的翅膀就会翘起来，相互摩擦。蟋蟀的翅膀就像一把琴，左翅是"琴弦"，右翅是"弓"，两片薄膜翅膀不断摩

擦，就会发出悦耳的声音。蟋蟀"嗓门"长在翅膀上已经够奇特了，"耳朵"居然长在前腿上，可以听到同类发出的鸣叫声。

蟋蟀打斗前和获胜后的鸣叫，其实并不只是向对手"宣战"的表示，而是向雌蟋蟀表示自己的强壮威猛，以获取它们的青睐，这种情形在很多动物中都能看到。

很多人都知道，只有两根尾须的雄蟋蟀才好斗，而长着三根"须"的雌蟋蟀从来就不参与"打架"，尽管它们也长着宽大的门牙。雌蟋蟀中间的那根长"须"，实际上是它的产卵管。有趣的是，打斗获胜的雄蟋蟀，刚才还气势汹汹、神气十足，但只要遇到雌蟋蟀，就会轻声地鸣叫，还会转过身去用腿轻轻地弹几下，一副讨好的样子。"好斗分子"一转眼变得"温柔"起来了。

不说不知道，喜欢鸣叫和打斗的蟋蟀原来还有这些小秘密。

鱼类篇

你知道深水鱼的视觉奥秘吗

　　终日生活在昏暗中的深水鱼之所以能保持一定的视觉，得益于其独特的视网膜结构。动物大脑感受视觉的一个前提，就是必须有光源直射或物体反射的光线作用于眼球的视网膜。普通鱼类的视网膜中含有视锥细胞和视杆细胞。视锥细胞适于感受正常强度的可见光和分辨颜色，视杆细胞则对弱光反应敏感。生活在不同深度水域的鱼类，其视网膜结构各不相同。

　　生活在距水面 100 米以内的鱼类，其视网膜中含有很多视锥细胞，因此能够敏锐地感受射入水中的可见光。生活在水深 100—1000 米之间的鱼类，其视网膜结构会向两种不同方向发展。随着水深的增加，一类鱼的视锥细胞会逐渐减少，视杆细胞则会相应地增生，这样就能在水深 400 米以下的昏暗水域中辨别物体的轮廓和方

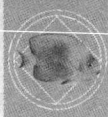

向；另一类鱼则有选择地舍弃部分视锥细胞，保留下能感受波长较短、穿透性较强的蓝光的视锥细胞。这样的视网膜结构可使鱼最大限度地分辨色彩。

生活在水深 1600 米上下的鱼类完全没有视锥细胞，其整个视网膜都充满了视杆细胞。白天，它们潜伏在深水里。夜晚，它们便游到表层水中，尽可能地利用微弱光线捕食浮游生物。这样，它们也能使自己保持一定的视觉。

为什么鱼在水中能自由升降

除了能站立、前进、拐弯之外，鱼类还有一种重要的技能，就是可以在水中自由自在地上升或下沉。经常做饭的人都知道，鱼肚子里大多都有一个鱼泡，这叫鱼鳔。鳔里充满了空气，有一个小管和鱼肠相通。鱼鳔在大脑的支配下可以由肠道给它供气，鳔涨大后，鱼就慢慢上浮；当鳔里的空气一部分倒流入鱼肠时，鳔就缩小，鱼又开始下沉。肠中的气会从鱼口中吐出，水面就出现串串气泡。由于鱼鳔充气或放气使鱼体比重增减，从而实现了鱼体的灵活升降。据研究，大多数淡水鱼的鳔都很发达，所以能在江河口上下翻滚，而大多数海水鱼的鳔比较落后，升降的本领不大；更有少数海水鱼根本没有鳔，所以它们一辈子只能在漆黑的海底度过了。

为什么有的鱼能发电

电鳗是生活在中美洲和南美洲河流中的淡水鱼。从外形上看，它像鳗鱼，但从解剖学的构造来鉴别，它更像一种接近鲤科的鱼类。电鳗身长 2 米，体重可达 20 千克，可以称得上是一种大鱼。

它身怀绝技的奥秘就在于它能发电，在它的身体两侧的肌肉中，分布着一些特殊的发电器官，与这种发电器官连通着的还有遍布全身的神经网络。电鳗释放电能时的电压可达 300 伏特，这足以使河里的动物和人体感受到电鳗的存在及其电流的刺激。

可恶的是，它所电杀的猎物远远超出了它的好胃口所能容纳的食量，因而不少人认为电鳗是造成某些地方鱼类产量锐减的罪魁祸首。

电鳗不仅能发电，它的肉也味道鲜美，富于营养。为了捕获这种美味，人们总是先将一些家畜赶进河里，让电鳗在它们身上作无谓的放电——消耗大量的电能。然后，放心大胆地下河施网捕鱼尝鲜，这时体力与电流均已减弱的电鳗已经失去了"电击"的杀伤力。

生活在非洲尼罗河和西非一些河流中的电鲶，也是一种怀揣发

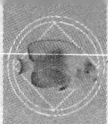

电机的鱼类。所不同的是，它不像电鳗那样残杀无辜，它的放电"秘密武器"只用来自卫。当地居民甚至还将电鲶的"放电本事"当做一种理疗风湿病的特殊医疗器械，并且受益匪浅。

为什么说鱼类其实很聪明

不少人认为鱼类智力低下、记忆力差，甚至有人说"鱼只有三秒钟记忆"。澳大利亚研究人员发现，鱼类的"聪明才智"超过人类想象，记忆远远不止数秒，反而可以达到数月乃至数年之久。它们还具有学习能力，懂得使用欺骗手段捕食。

陆地、水域和社会研究所助理研究员凯文·沃布顿多年来一直从事鱼类研究，特别是澳大利亚昆士兰东南水域的淡水鱼。他说，鱼类只有短暂记忆这种认识完全错误。

"鱼类只有3秒钟记忆完全是一个谬论，鱼类其实相当复杂。"

他说："鱼能够记住猎食对象类型数月时间。一旦它们遭捕食者攻击一次，之后就知道躲避这类捕食者，这种记忆也可以维持数月时间。而鲤鱼上钩被抓后，至少1年都会躲着鱼钩。"

悉尼大学鱼类生物学家阿什利·沃德博士与沃布顿观点相同。他认为，关于鱼类记忆力差、智力低下这些错误认识可能源于早期的动物学研究。

沃德说:"当时的动物学家以人类为参照物,测试鱼类能力,鱼类当然显得无能。"事实上,鱼类的记忆力可谓惊人。

他举例说,美国查尔斯·埃里克森教授喂养一群鱼,每次喂食都叫着"鱼儿,鱼儿",一直持续数月。中断 5 年后,埃里克森来到鱼缸前,再次唤着"鱼儿,鱼儿",鱼群立即游到水面上,等待喂食。

沃布顿说,鱼类还有某些类似人类的行为,譬如欺骗和落井下石。鱼能够辨别其他鱼,根据与其他鱼的相互作用调整自己的行为。他举例说,两群暹罗斗鱼争斗,落败一群会遭到其他同类更猛烈的攻击。

岩礁鱼是一种清洁鱼,以大鱼身上的寄生生物和黏液为食。它

们懂得根据工作环境调整工作态度。"如果周围有潜在'客户鱼'，它们就会表现得更好，以此提升印象，吸引潜在'客户鱼'光临。"沃布顿说。

沃布顿认为，鱼类还具有学习能力。他在研究淡水鱼银鲈时发现，当只有一种猎食对象时，银鲈捕食效率越来越高；但当面对两种猎食对象时，银鲈的捕食效率降低不少。"我们认为，这由它们分心所致，算是学习的代价。"沃布顿说。沃德也举例说，澳大利亚北部有一种炮弹鱼，"它们会使用工具和其他花招骗捕猎食对象。"

为什么说鱼类也有个性

大家一般认为，生来乖巧的鱼儿肯定没有什么"个性"。然而，据英国生物学家的最新研究称，不同种类的鲑鱼不仅拥有不同的个性，而且根据各自生活经历的差异，它们的个性也会随之发生变化。

研究人员通过对实验室中的虹鳟研究发现，无论在对抗中是输是赢，甚至只是看到同伴在遭遇新物体时的危险和坎坷，这些经历都会影响它们的未来行为。也就是说，鱼儿遭遇的成功和失败会改变它们的未来行为。英国利物浦大学教授林恩·斯尼顿领导的研究小组对一些胆怯或勇敢的虹鳟进行了仔细观察，发现了它们身上所具有的不同"个性"。

同人类一样，有些鱼儿对遇到新事物或进入新环境充满自信，而与此同时，也有些鱼儿生性沉默寡言，对遭遇新事物充满恐惧。斯尼顿的研究小组专门挑选了一些行为大胆和生性害羞的虹鳟，测试它们的未来行为是否会根据生活经历的不同而有所改变。研究人员在虹鳟中间制造矛盾，引发冲突，观测参与者和旁观者对胜利者和失利者的反应，最终得出了这一结论。

动物个性（研究人员称之为"行为症状"）的概念已存在了一段时间。这一概念旨在解释一些动物的行为为何并不总能与它们所处的环境达到理想的契合点。例如，天生就具有进攻欲望的雄性动物也许可以轻而易举将竞争对手制服，但却从来无法实现同雌性交配的愿望，原因就是它们虽勇猛无比，但笨拙、鲁莽的引诱手段往往会把雌性吓跑。

这项最新研究表明，动物的上述特点并非一成不变，同时也表明动物可以随着环境的变化逐渐改变自身的个性。斯尼顿说："人们的传统观点是，动物的个性始终如一。不过，事实是从来没有人用心观察过它们的个性。"斯尼顿及同事故意让虹鳟同体型大得多或小得多的对手进行竞争，以确定它们在即将上演的大战中输赢归属。那些最终胜出的勇敢虹鳟在随后接触到新奇的食物时同样更为勇猛，而在战场上失利的虹鳟则变得更为谨慎。

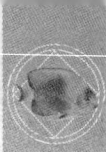

斯尼顿认为，胆怯和勇敢行为同诸如应激激素水平等生理因素有关。在争斗中落败的事实也许能促进同压力相关的化学物质（如皮质醇）分泌，这会使鱼儿日后变得更加谨慎。研究人员发现，虹鳟还能够通过观察其他同伴的行为吸取教训。观看胆怯的虹鳟探索神秘物体的大胆虹鳟在随后遭遇新物体时，自己也会变得更为紧张。

为什么鱼类要跃出水面

在中国，有"海阔凭鱼跃"和"鲤鱼跳龙门"的说法，那为什么鲤鱼要跳出水面呢？为什么鱼类要鱼跃呢？体积庞大的鳐鱼为什么会跳出水面还会伤人呢？这其中的原理并非你想象中的那么简单。科学家经过长时间的研究和探索发现：鱼跳跃出水面，有的是为了觅食，有的是为了逃避敌人的追杀，而有的则是为了吸引异性。

有些鱼跳出水面是为了逃避敌人的追杀。一些被追赶到水面上的鱼有时候为了自保，会突然跳跃到水面上，从而迷惑敌人，不让它们知道自己的去向。或是跳出水面后重新进入水中，从而可以改变逃生路径，避免被捕食者抓住。比如鲻鱼，为了逃避梭鱼或鲈鱼的追赶，它们常常跳出水面；鳐鱼个头够大，但它们是牛鲨和锤头鲨鱼的美食，在危险的时刻它们会跳出水面激起巨大的海浪，迷惑天敌的追捕。

有些鱼跳出水面是为了觅食。比较典型的就是热带肉娃纳鱼和大白鲨等，它们跳出水面是为了捕捉食物。而且它们有不同的跳跃技巧，热带肉娃纳鱼的跳跃能力在全球名列前茅，它在水里先把身体弯曲成"S"形，然后以最快的速度钻出水面，捕捉昆虫、小型鸟类或哺乳动物，然后饱餐一顿。大白鲨跳出水面也是为了觅食，它们以飞箭一般的速度游向它们的猎物，突然抓住猎物后它们会乘着惯性跃出水面使食物缺氧窒息，但有时它们会跃出水面捕捉水面上的生物，如海鸟等。

经过几十年的研究，科学家认为，对于齿鲸、海豚、虎鲸和白

鲸等群居类型的鱼类来说，跳出水面更多的原因是为了吸引异性，或向所中意的对象求婚。在鱼类的社会生活中，雄性经常到处嬉闹，表现活跃是吸引异性的一种方式。雄性鱼跳出水面又钻入水中，引起水面一阵波澜也是为了吸引雌性鱼的注意。这种现象在群居类型的鱼类当中非常普遍。科学家认为，这种现象是生物进化的一种标志，人类早期的活动就是在群居中体现个体的差异，这种现象也值得进化史研究方面的专家借鉴。

另外还有其他一些原因，比如鲸鱼、鲨鱼和金枪鱼等常常被有吸管并携带寄生虫的长脚鱼纠缠，于是它们经常钻出钻进水中，或突然的跳出水面也是为了冲洗掉这些可恶的长脚鱼。

当然，跳出水面对很多鱼类来说不是特别难的事，大部分鱼类都善于跳跃，有的鱼类跳出水面的动作还很熟练，有些鱼类甚至能够在水面滑行几百米。经过分析和研究，科学家认为鱼类跳出水面有很大的好处，除了可以更好地适应自然界的变化和生存以外，鱼类的这种本能反应也是生物进化的一种体现。科学家希望人类不要过多地干预鱼类的"生活"，避免在一些刺激下，鱼类的跳跃伤害人类。

鱼类洄游有哪些秘密

首先说说什么叫鱼类洄游。鱼类在水中运动，大体上可分为两种：一种是没有一定规律的，如临时躲避敌害的袭击，追逐俘获物或其他偶然性的运动等等。这类运动有时连续发生，有时则很长时间不出现，移动的距离或持续时间一般较短，而且没有一定的方向和周期性，因而被称为"不定向移动"。另一种则相反，它的运动是有目的性的，时间和距离相当长，有一定路线和方向，而且在一年或若干年中的某一时间、某些环境条件下，作周期性的重复，因而形成了所谓"定向移动"，这就是通常所说的洄游。

鱼类的洄游是自然界中一种非常有趣的现象。大马哈鱼和鳗鱼是比较典型的例子。在海洋中度过青少年时期的大马哈鱼，到了性成熟的时候，就成群游向河口，并以一昼夜四五十千米的速度，逆水而行，到离海洋数百千米的河流上游产卵。它们在洄游途中，不思饮食，只顾前进，遇到浅滩峡谷、急流瀑布也不退却。有时为了跃过障碍，竟碰死于石壁上。到达目的地后，因长途跋涉，体内脂肪损耗殆尽，憔悴不堪。绝大多数大马哈鱼在射精及产卵后就死去，不能看护自己的后代。受精卵在河水中发育成小鱼后，顺水而

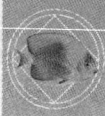

下，回到海水中生活四五年之后，又沿着父母经过的路线，回到河流的上游产卵。

生活在江河中的鳗鱼，却与大马哈鱼相反。它们长大以后要在海洋中产卵。鳗鱼在繁殖季节也有勇往直前的精神，当它们遇到河道阻塞，无法前进的时候，会不顾死活地离开水面，沿着潮湿的草地，翻越重重障碍，奔赴大海。鳗鱼在完成繁殖后代的使命之后，有的累死了，有的同子女一道回到故乡。

在许多情况下，洄游的鱼类是成群结队的。黑海里的鳀鱼，就是著名的例子。成群结队的海鸥，常因饱食了拥挤在海面的鳀鱼而不能飞翔，有时鱼群大量游来，竟使海湾淤塞。100 年前，巴拉克拉夫海港，曾因大量鳀鱼涌进，挤得水泄不通，大量的鱼因而闷死腐烂，臭气弥漫，竟然成灾，成了世界奇闻。

究竟是什么原因促使鱼类作这样的洄游呢？我们说这首先是受到外界条件的影响。鱼类也和其他动物一样，它的活动受到温度的影响。由于鱼类在水中生活，除了温度，水流和盐度等对鱼类的洄游都有影响。

水流对鱼类的洄游，特别是对幼鱼的洄游起着重要作用。因为对幼鱼来说，它们缺乏必要的运动能力，不能与强大的水流作斗争，因而只能完全被水流所"挟持"，随着水流而移动。许多成鱼的洄游，在很大程度上也受水流所左右。又由于它们身体的两侧有许多被称为"侧线"的感触器官，它对水流的刺激尤为敏感，能帮助鱼类确定水流的速度和识别方向。不同种的鱼类对水流的刺激作用的反应也不同。有的是逆流而上，有的是顺流而下。鱼类的长途洄游，可以说大多数是由水流的作用而引起的。

水的温度对鱼类的洄游，也有不可估量的作用。大多数鱼类也和候鸟一样，对温度的感觉相当敏感，它们只能在一定的水温中生活，当水温发生变化的时候，鱼类就要寻找适于生活的环境，从而产生洄游。例如我国沿海的大黄鱼、小黄鱼，它们在秋末冬初就先后离开沿岸，游向深海去度过严寒的冬天。这种洄游被称为"越冬洄游"。

鱼类的洄游与水的盐度也有关系。水中盐分的变化，会引起鱼类生理上的变化，例如使鱼的血液内盐分减少或增多，就能使鱼的神经系统处于兴奋状态。不同种类的鱼或同一种类的鱼，在不同生活阶段中，对水中盐度的适应能力是不同的。对有的鱼来说，不同盐度水域的分界处，似乎是不可逾越的鸿沟，可是对另一种鱼来说，却又是它们洄游途上的"路标"。

据报道，鱼类的洄游与太阳黑子的活动也有关系。太阳黑子活动的强弱，影响太阳辐射出的热量和射出粒子的多少。这种变化可引起大气环流的变化，从而影响水温和海流的变化，鱼类的洄游也随之发生变化。有人观察到，当太阳黑子活动强烈，大气温度和海水温度升高的时候，鳕鱼的洄游路线会受到很大影响。鳕鱼的洄游路线变化规律，与太阳黑子每 11 年产生一次强烈活动的周期大体相吻合。

除了外界的环境条件外，鱼类本身生理上的要求也能引起鱼类

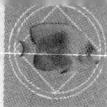

的洄游运动。这种洄游主要是在生殖期间和觅食期间，前者被称为生殖洄游或产卵洄游，后者被称为索饵洄游。鱼类的性腺发育到一定阶段后，由生殖腺分泌到血液中的性刺激素开始起作用，迫使它游向沿岸水温高、盐度低的水域。因而大多数的鱼类在产卵的时候，都向近岸或河口洄游。当然也有例外，如比目鱼，一般是沿海岸线游向深海去产卵。

鱼类为了维持自己的生命和身体的新陈代谢，特别是在产卵以后为恢复体力，就必须寻觅必要的食料。鱼类的食料大多数是浮游生物或其他小鱼小虾，而这些生物的数量往往随着水域的环境变化而有很大的增减。因此，鱼类为了追逐饵料生物群，就不得不作长距离的索饵洄游。

也有人会问：为什么有的鱼喜欢逆流而上，有的喜欢顺流而下？为什么有的鱼就爱游向近海或江河中去产卵，而另一些又恰好相反，游向深海中去产卵？我们说，这与鱼类的遗传本能有关系。鱼类长期受外界环境条件的影响，洄游运动已经形成一种习性，成了一种遗传的本能。不同种类的鱼，由于从它们祖先那里继承下来的习性不同，所经历的历史年代不同，所以这种遗传性的本能也有很大差别，并形成某一种族的固有特性。

掌握鱼类的洄游规律，在渔业生产上具有极其重要的意义。每年到了一定的季节，鱼类就成群结队地进行洄游，它们游经的路线和群集产卵、索饵、越冬地点就是大好的捕捞场所，形成我们常说的"渔汛"。那么怎样掌握鱼类的洄游规律呢？俗话说："近水知鱼性，近山识鸟音。"长期的实践使人们已经积累了丰富的经验。随着现代科学技术的发展，鱼类的洄游可以进行科学预测。但要真正掌握鱼类的洄游规律，并用以指导生产，还必须有赖于丰富的生产实践经验和多方面的调查研究。

你知道凶猛的亚马孙鲇鱼吗

这种鱼生活在距亚马逊河干流数百千米之外的一些河水湍急的支流中。当地的集市上能见到体长超过 3 米的大鲇鱼。小河尚且如此，那么游弋在干流的鱼有多大呢？"我刚放下钓钩往下一看，就意识到我的 22.7 千克拉力的线不消半分钟就要断了。"一位名叫透德·史密斯的钓鱼能手 1989 年在《钓鱼迷》杂志发表的文章中这样写道。这是他第一次试钓亚马逊巨鲇，钓点在玻利维亚境内的上亚马逊河的支流拜尼河上。

科学家米切尔·戈尔丁教授从 1976 年开始研究亚马孙诸支流的鱼类和渔业资源，他说他曾见到过 113.4 千克、2.3 米长的巨鲇，国际钓鱼联合会的纪录是 116.1 千克 9 盎司，由基尔伯特·福南迪斯于 1981 年在巴西的索利莫斯河钓取。1914 年，当泰迪·罗斯福率领一支探险队，考察亚马孙河时，一名随队医生量到了一条 2.7

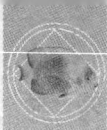

米多长的巨鲇。这
类鱼的纺锤形的体
形使它有足够快的
速度在湍急的河水
中洄游，也使得用
常规钓具钓它们的
人屡屡断线折竿，
束手无策。

和巨鲇同属一

科的另一种亚马孙鲇鱼，其强健有力的身躯也能长到 113.4 千克。它吃食许多鱼类，因而可用活饵或块状肉饵来钓取。当地人喜欢用放手线钓法。要在它们生活的急流中用轮竿来垂钓，显然是难以征服它们的。科学家们指出，捕鱼量的增加已经危及巨鲇的生存，与世界各地的情况相似，这些形体硕大的家伙数量正在锐减。

为什么有的深海鱼类会发光

原来，许多鱼类都像萤火虫那样，有着发光的本领。不同的鱼类，发出标志不同的亮光。靠着这些亮光，在同一鱼类中可以互相传递信息，并诱骗其他鱼类做牺牲品，或者用以摆脱捕食者。因此，发光是深海鱼类赖以生存的重要手段之一。

有人发现，在大海的某些深度区，95%的鱼类都能够随时发光或者保持连续发光。而在茫茫的海面上，却又常常可以看到发光的鱼群及其他海上生物，把一片水域照亮。

隐灯鱼可以算是一种典型的发光鱼类。它的眼睛下方有一对可以"随意开关"的发光器，发出的光能在水中射到15米远，以致有人深夜在深海中不用照明就能把它捉到。

身子薄如刀刃的斧头鱼，虽然身长不过5厘米，但发光物几乎遍布全身，发光的时候，光芒能把整条鱼的轮廓勾画出来。鱼身下部的光既集中又明亮，仿佛插着一排小蜡烛。

鱼类发出的光，大多是蓝色或蓝绿色，但也有少数鱼类发出的光是淡红、浅黄、黄绿、橙紫或蓝白色的。发光本领最高超的，恐怕要算渔民们所熟悉的琵琶鱼了。琵琶鱼能发出黄、黄绿、蓝绿、橙黄等多种颜色的光。这是由于它身上以至嘴里都带着能发出磷光的细菌。当这些细菌和来自血管里的氧相接触时，便发生反应，显出闪光。

有些鱼类的头肩有腺体性发光器，当它遇敌逃跑的时候，能发出光雾，以迷惑敌人。有一种生活在深海区的虾，在逃避时也能释放出一片发光的液体，迷惑敌人。

鱼的发光器官很多，甚至很小的鱼，它的表体也会有几千个微小的发光体。但是，不管哪种发光器官，发光时都离不开氧气，氧

气供应停止，光就熄灭。这和人工复制化学光有点类似：化学光不需要电路和电池，只要与空气或氧气接触，即被活化而发光；把它装在密闭的容器里，隔绝了空气中的氧，光就立即熄灭。

你了解盲鱼吗

在我国西南地区黑暗的地下洞穴中，曾经发现过几条罕见的盲鱼。这些盲鱼最大的体长不到 10 厘米，它们的外表长得十分奇特：细长的身体粉红而透明，可以清楚地看到它体内的脊椎和内脏，就像一条条玻璃鱼。它们在长期同黑暗的斗争过程中获得了新本领，它们能忍受饥饿，不怕冷，也不怕热。在水温 $-10℃ \sim 35℃$ 时都不致丧命，生命力极强。在我国云南、广西、四川等地的水下洞穴中也有盲鱼的踪迹。

世界上有不少地方，在完全黑暗的洞穴里也同样生活着各种不同种类的鱼。例如北美的洞鲈鱼和古巴的盲须鳚都是有名的盲鱼。

洞鲈鱼很小，一般只能长到 16—20 厘米。身上生有黑色的纵条纹，眼睛已被皮肤盖住，只留下一个痕迹。那么这种盲鱼如何行动呢？在它的头部和身上有许多不同形状的小突起，这些小突起有感觉作用，完全可以代替眼睛，所以即使常年处于黑暗的环境，它们仍能自由自在地游来游去。盲须鳉长得很美，它的全身呈桃红色，也有的呈青铜色，身上还布满了黑色小斑纹，一般体长为15厘米。这种鱼在幼年时期眼睛比较发达，到了成年期眼睛就逐渐被皮肤所覆盖而成为瞎子。与此同时，在头部生出许多细小的敏感须，以此来代替双眼。

在美国加利福尼亚南部沿岸的岩石缝中或岩石下的洞穴里，可以找到一种身长只有10厘米的盲虎鱼。这种鱼的皮肤呈浅红色，光滑无鳞。幼年时期，它的眼睛虽小，但有视觉，一旦长大，眼睛就隐没在皮下。虽然它双目失明，但却能在黑暗的洞穴里东游西窜，异常活跃，这是由于在它的头部生有许多皮膜感受器，它靠着这种感受器能迅速探索到食物。

还有一种墨西哥鱼，这种鱼在幼年时期生长着一对非常惹人喜

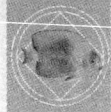

爱的大圆眼睛。鱼类学家观察和试验发现它的双眼在发育生长的过程中自然而然地逐渐退化，活动就全靠皮肤来感受光线及外界的刺激。

还有一种更奇特的盲鱼叫盲鳗鱼，这种鱼是在真正的鱼类出现后才形成的。它主要生活在堪察加半岛海域，是世界上唯一用鼻子呼吸的鱼类。盲鳗虽然也被一层皮膜遮住了双眼，但是这种鱼不只在头部有感受器，它的全身也长满了超感觉细胞，能比较正确地判定方向、分辨物体。它还能钻进大型鱼类的体内，并且能把鱼的内脏吞食掉，然后再凭着感受器钻出鱼体。有时它还钻进鱼网捕食网中的鱼，而当渔民起网时，它又能迅速从网中逃走。这种鱼的耐饥能力很强，半年不进食也不至饿死。盲鳗有 4 个心脏，至于它为什么能有这么多心脏，至今还是个谜。盲鳗还能分泌出一种特殊的黏液，可将四周海水黏成一团，在敌害遇到这种黏液迷茫之时，盲鳗早已逃之夭夭。盲鳗一般以微小的甲壳动物或浮游生物为主要食物。

为什么白鲟被称为淡水鱼之王

白鲟属鲟形目白鲟科，是一种罕见而具有特殊经济价值的鱼类。其身体呈梭形，前部扁平，后部稍侧扁，吻部像是一把延长的剑，吻的两侧有宽而柔软的皮膜。这种鱼的嘴巴特别大，眼睛却特别小，看起来很不相称。全身光滑无鳞，在体侧生有数行坚硬的骨板，这些骨板起着保护身体的作用。在尾鳍的上叶有 8 个棘状鳞。

全身均为暗灰色，仅腹部为白色，因此被称为白鲟。最大的鲟鱼体长为 4 米左右，体重约 500 千克，称得上是淡水鱼之王了。白鲟平时喜欢吃甲壳动物、小虾等食物，在春夏之间，又以鲚鱼为主要食物。每年 3—4 月为白鲟繁殖期。一条 30—40 千克的白鲟，怀卵量可达 20 万粒，但成活率极低。我国的鲟鱼除了白鲟外，还有中华鲟，它的体长仅次于白鲟，一般在 2—3 米，重 400 千克左右，是淡水中的第三号"鱼王"。中华鲟的性格很凶猛，经常追捕各种鱼类。鲟鱼的肉味非常鲜美，除鲜食或制成罐头外，熏制鲟鱼出口国外，深受称赞。它的卵经过加工后，也是名贵的食品。鲟鱼鳔是制作胶质的原料。由于人们滥捕的结果，目前鲟鱼的数量已大大减

少，是一种濒危物种，现已列为保护对象。我国在长江中下游建立了以白鲟为主的自然保护区，以确保"淡水鱼之王"不至遭到灭绝的危险。

你知道用肺呼吸的鱼吗

在非洲、美洲和澳大利亚的江河里，生长着一种介于鱼类和两栖类之间的珍奇动物，它叫肺鱼。肺鱼出现于4亿年前的泥盆纪时期，它身上覆着瓦状的鳞，背鳍、臀鳍和尾鳍都连在一起，并有构造最古老的"原鳍"，所谓原鳍与正常鱼鳍不同之处是一个肉柄状的东西。肺鱼的鳔的构造很像肺，可以进行气体交换，所以有人将肺鱼的鳔称为"原始肺"，肺鱼的名字也是由此而来的。肺鱼还有内鼻孔，它在水中用鳃呼吸，当河水干涸时，它们能钻进泥土里，用"肺"和内鼻孔呼吸。科学家们认为肺鱼是自然界中最先尝试的由水中转向陆地的动物。

非洲肺鱼是在4亿年前已广泛分布在非洲的淡水沼泽地带和河川里的一种极原始的鱼类。当雨水充沛的时候，它可以用鳃痛快地呼吸；等到了干旱季节，沼泽地带干涸了，非洲肺鱼就要钻进烂泥堆里去睡觉。由于天气炎热，外面的泥堆早已被烘干，无形中成了一个泥洞，非洲肺鱼用嘴打开一个"小天窗"，然后自己又从皮肤上渗出一种黏液，使泥洞的壁变硬。它通过洞口，用肺呼吸外面的新鲜空气。它能在泥洞里不吃不喝地夏眠几个月，待到雨季来临，它又回到水中生活。

非洲肺鱼的夏眠引起了科学家的兴趣，他们认为，夏眠动物或冬眠动物体内一定存在着一种能引起睡眠的激素。现在，科学家们已经从非洲肺鱼的脑组织中提取了一种物质，并将这种物质引入实验用的老鼠体内，结果使它们很快地进入了睡眠状态。当这些老鼠醒来之后，精神仍然很好。科学家们已把这种动物睡眠激素应用到人类失眠者身上。非洲肺鱼生性好斗，只要两条肺鱼相遇，必然有一条鱼的尾巴被咬断。夏眠时的肺鱼也不例外，有人从泥土中挖掘肺鱼时，竟被它咬伤了手指。

1835 年，有人在亚马孙河流域的池沼和杂草丛生的浅水湖里看到过美洲肺鱼，它的背鳍、尾鳍和臀鳍愈合成一个总的鳍。这种鱼据说能发出猫叫的声音。美洲肺鱼的皮肤里可以散布着各种色素细胞，因此它们的体色是多种多样的，并能随着环境的变化而改变身体的颜色。

澳洲肺鱼则是肺鱼中体型最大的一种，体长可达 1 米多，主要分布在澳大利亚。在肺鱼生活的河川里，有时可以听到一种"呼隆、呼隆"的声响，其实这是肺鱼升出水面和从肺里呼出空气时发出的响声。它每隔 40—50 分钟就要升到水面上来呼吸 1 次。虽然肺鱼能用肺呼吸，但它也能用鳃呼吸，可是如果长久地把它放在岸

上，它的鳃干了，也会死亡。澳洲肺鱼极不喜欢活动，经常趴在水底一动不动，偶尔到水面上吸一口气，而后慢慢地又游到底层休息去了。有时渔民在捕捞别的鱼类时，碰到了澳洲肺鱼，就故意搅动河水，肺鱼仍然一动不动；渔民又用木棍拨它的身体，这时它只是不高兴地把身体缓缓地向前游动一点，然后又停下来。所以，当地渔民又把澳洲肺鱼称为"懒汉鱼"。

为什么三棘刺鱼被称为鱼中"建筑师"

  鱼类中最出色的建筑师要属三棘刺鱼，它不但能精心"设计图纸"，还能建造出一座漂亮坚固的"洞房"。三棘刺鱼喜欢平静的水流，它们在淡水或半咸水内部可以生活。泥底或砂底的和岸边多草的小河、小沟、湖泊和苇塘都是它们喜欢的住所。这种鱼喜欢群居，往往数十尾刺鱼一起去游玩，这样既热闹又可以一致对敌。它们经常去吃刚刚孵化出来的其他鱼类的幼鱼。可是别的鱼想吃它们可就不那么容易了，偶尔遇有胆大的鱼去吃三棘刺鱼，结果一般来说会很悲惨，常常是被刺鱼伸展开的三根刺无情地刺入口腔内。

  三棘刺鱼在背部生有三根坚硬的棘刺。雄鱼在生殖期间，由平时的暗灰色会一下变成鲜艳的桃红色，这种突变的颜色又叫求偶色。每当繁殖季节雄刺鱼忙得很，这个出色的"建筑师"先去挑选自己未来"妻子"生儿育女的最佳场所。

它经常是把"洞房"选在水草间或岩石地带的池洼间，因为这里的水位深浅适度，同时又经常有水徐徐地流动。地点选好后，它便开始搜集"建房材料"，用嘴衔着植物的根和茎以及其他植物的屑片，来回叼两个星期，然后从自己的肾脏中分泌出一种黏液，把所有的材料黏在一起，在黏合的时候，它能按照自己设计的"图纸"造出一个非常坚固而漂亮的鱼巢，它还怕不结实，一次又一次地往巢上泼水，泼完水又要马上用自己的身体摩擦巢壁，就这样经过反复摩擦，再看看这座"建筑物"，的确显得既光亮又坚实。最后"竣工"的巢型是这样的：外观为椭圆形，并有两个孔道，一个进口，一个出口，而且巢中间又为空心的。凡是见过三棘刺鱼造的巢的人，无不为之叫绝。

为什么有的鱼离水也能活

人所共知，鱼儿离不开水。鱼是用鳃呼吸的水生动物。它没有内脏也没有肺，离水以后时间稍长，即会窒息死亡。可是也有的鱼

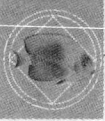

离开了水不但能活，而且还能爬能跳。

这种鱼的身体侧扁，但在头顶上长着一对大而突出的眼睛，这对眼睛能灵活地向着各个方向转动，它的名字就叫弹涂鱼。

这种鱼一般生活在热带的海岸和我国南方沿海一带。每当退潮时，便可以看到它们在潮湿的沙滩上蹦蹦跳跳，有时爬到红树根上。别看弹涂鱼没有脚，它却能爬又能跳，这主要是由于它的胸鳍生得十分粗壮，如同陆地上动物的前肢般活动自如。它的腹鳍又合并成一个吸盘，当它爬到潮湿的泥沙地上以后，可以靠着吸盘吸附在其他物体上。弹涂鱼在陆地上的行走动作很有趣：它用腹鳍先把身体支撑住，然后再用胸鳍交替着向前移动。乍看起来，都觉得弹涂鱼的行动很慢，其实如果它碰到敌害，爬行速度是快得相当惊人的。它还会利用坚韧的胸鳍、锋利的牙齿和宽大的嘴巴掘出一个大土洞，在炎热的夏天它就可以躲进洞里去避暑。弹涂鱼的鳃腔很大，这样能贮存大量的空气，同时这种鱼的皮肤布满了血管，无形中就起到辅助呼吸的作用。当它在陆地上活动时，常常将尾鳍伸进杂草丛生的水洼中，或者紧贴在潮湿的泥地上。这样也可以帮助呼吸。弹涂鱼喜欢吃小型甲壳动物和昆虫，其肉味道鲜美细嫩，营养价值较高。

无独有偶，在我国福建、广东和一些热带、亚热带的湖沼河沟中，有一种小型鱼类，它很喜欢在夜间进行捕食活动，它们总是成群结队离开河水，经过田野到大路上去寻找最爱吃的昆虫。有时它们发现小树丛中有一团团的小昆虫，就一蹦一跳地上去，吃得饱饱的再爬回小河里，这种离水能活的鱼叫攀鲈鱼。

攀鲈鱼的行动很奇特，在它的鳃盖后面有多根硬棘，每当行动的时候就靠着鳃盖上的硬棘顶着地面，在胸鳍和尾部的帮助和配合下，就能一点一点地往前爬行。在天气干旱的季节，攀鲈鱼可以在潮湿的淤泥中生活几个月不至饿死，更不会因河水干涸而死亡。这是由于攀鲈鱼也有副呼吸器官，这个副呼吸器官是在它的鳃腔背后，生有类似木耳形状的皱褶，皱褶的表面上布满了许许多多的微血管，这样便可以进行气体交换。

还有一种长相像蛇的鳗鲡，它除了在水中生活外，还经常爬到潮湿的草地上或雨水流过的地方去寻找食物。它很喜欢吃小昆虫及小蜗牛。每当吃饱以后它们就在岸边草丛中爬来爬去，有时路人会被鳗鲡吓一跳。鳗鲡的身上布满了黏液，无鳞的皮肤上面又布满了微血管，这样就可以利用皮肤和外界进行气体交换，来维持生命。可是也有人认为鳗鲡离开水能活的主要原因是由于这种鱼的鳃孔极小的缘故，这样水分不易蒸发。但是这种看法是不正确的。

黄鳝是大家所熟知的淡水鱼，它的肉质很鲜嫩。黄鳝一般生活在池塘、稻田等浅水的地方，也有人经常看到黄鳝竖起前半截身体，在东张西望，其实它并没有看什么东西，而是在呼吸新鲜的空气。通过观察，黄鳝的鳃早已退化，这就给它在水中进行呼吸出了大难题，但黄鳝的口腔和咽喉表面却布满了微血管，它可以伸出头来把空气吞进口腔后，慢慢地进行氧气交换，因而它在淤泥中生活几个月也不至饿死。

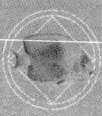

除此之外，还有肺鱼、泥鳅、乌鳗等也都属于离水能活的鱼。这些鱼都有一套离水可以继续生存的本领，它们的这些本领在科学上称为具有副呼吸器官。

为什么星星鱼会闪光

夕阳西下，大地渐渐笼罩在一片黑暗中。在玻利维亚的戈郁伯湖面上，却时常有亮光在闪烁不停，好似天上的群星落进湖中。也许有人会问：描绘这幅美丽景色的是什么物质呢？它是一种淡水小

型鱼类，叫星星鱼。这种鱼大小和人的手掌差不多，可它的尾鳍特

别长，在腹部生有许多红色的鳞片。由于这种鱼种类很少又加上它有一套复杂的发光构造，所以就更加珍奇。在星星鱼的背部长着一个长形透明的发光壳，在这壳里面装有发光器，在发光器上又分为四层薄膜：底层光滑而透明，为反光膜；第二层是发光细胞和神经细胞组成的发光膜，是发光器的主要部分；第三层是透明的输送膜，专门供应发光器所需要的氧气和水分；最外面一层是透明的发光壳膜，它的主要作用是保护发光器。星星鱼在发光时，它要吸取大量的氧气，这就使它要经常浮出水面。由于它时而上浮时而下沉，因此，它身体内的发光器所发出的光也就随着一明一暗，犹如天空中闪烁的繁星。

为什么泥鳅被称为"气候鱼"

泥鳅极为常见。浑身滑溜溜的，背部和两侧为灰黑色，全身又布满黑色小斑点，在它的尾柄处有大黑点。小小的眼睛，吻的周围长着5对触须。泥鳅喜欢在静水区的底层栖息着。我国除西北高原地区以外，可以说从南到北的湖泊、池塘、沟渠和水田底层，凡是有水域的地区它都能生长。泥鳅的生命力极强，不会因不良环境或生病而死亡。泥鳅的肠子很特别，在它的肠壁上密密麻麻地布满了

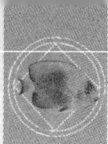

血管，前半段起消化作用，后半段起呼吸作用。所以，泥鳅在水中氧气不足时，会到水面上吞吸空气，然后再回到水底进行肠呼吸。废气由肛门排出，所以人们往往能看到水里冒出很多气泡。

当天气闷热即将下雨之前，小泥鳅会很难受，因为水中严重缺氧，迫使它一个劲地上下乱窜，犹如在表演水中舞蹈，这正是大雨降临的前兆，西欧人为此称泥鳅是气候鱼。冬季河湖封冻了，泥鳅就钻入泥土中，依靠泥土中极少量的水分使皮肤不至干燥，此时它靠肠进行呼吸来维持生命，待来年解冻时再出来活动。泥鳅产卵从每年的5—6月开始，6—7月为最盛时期。一般卵为黄色，稍有黏性。经过3—4天即可孵化出幼鱼。不过这种幼鱼和别的鱼有所区别，它的鳃条是全部露在外面的，没有养过泥鳅的人，见到这种情况千万不要大惊小怪，以为是什么别的动物，它正是泥鳅的幼鱼。泥鳅对环境的适应力很强，繁殖快，肉味鲜美，含蛋白质高。由于有这些优点，近年来不少渔民走上了饲养泥鳅的致富道路。

你知道鲨鱼这些趣事吗

人们一提起鲨鱼都会异口同声地说："那可是海洋里的霸王，它还吃人呢。"要说鲨鱼都是海里的霸王还算说得对，要说鲨鱼吃人，这可就让它们蒙受了不白之冤了。鲨鱼属于软骨鱼类，全世界的鲨鱼共有250种，生活在我国海洋里的鲨鱼也有七十多种。它的分布很广，无论是热带、亚热带海洋，还是温带和寒带水域，都有它们的踪迹。鲨鱼最大的要属鲸鲨，它的体重可达80吨，体长25米。其实鲨鱼并不都是那么大，有一种叫橙黄鲨的，只有35厘米长。不少人对鲨鱼的食性琢磨不透。鲨鱼可以说为杂食性的鱼类，至于说吃人，那只是几种少数鲨鱼：大青鲨、双髻鲨、锥齿鲨和噬人鲨，就这几种鲨鱼还是在它们非常饥饿的情况下并闻到了血腥味的时候才有攻击人的现象。当然潜海人员在水中受伤是很危险的。其实鲨鱼主要以微小的浮游生物为主要食物，其次还吃些小鱼、海龟、海鸟、小型海洋哺乳动物。不过令人惊奇的是，鲨鱼还能吃下尼龙大衣、笔记本、碎布片、皮靴、舰艇的号码牌以及羊腿、猪头及钢盔等等。

鲨鱼虽然号称海中之霸，但是在大自然中，动物之间是相互依存又是相互制约的，即一物降一物。凶狠的鲨鱼却怕一种叫逆戟鲸

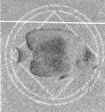

的海洋哺乳动物，因为逆戟鲸的牙齿非常锋利，又由于逆戟鲸出来活动从不"单枪匹马"，而是几十头一齐出来，鲨鱼一旦碰到了逆戟鲸就要马上逃跑，如果来不及逃跑，那么它就将腹部朝上装死躺下，因为逆戟鲸从不吃死东西的。当然也有的鲨鱼既不逃跑也不装死，结果被逆戟鲸使用轮番战术，直到把鲨鱼折腾得精疲力尽，最后被撕成碎块吃掉。

有一种锯鲨，这种鲨鱼的外形很古怪，它捕食的方法也很特殊。它有一个由上颚演变而来的"长锯"，这是一把极为锋利的骨板"锯"，其长度为身体的2/3。它捕食鱼类主要靠这个特有的"武器"，在海里左右挥动，不少小动物会死于它的"锯"下。

猫鲨捕食更有绝招，别瞧它在海洋里生活，它居然可以捕到在天空中飞翔的鸟类，这似乎是件不可思议的事。如果猫鲨发现了天

上有飞鸟，它会出马上将身体半浮于海面，只露出暗灰色的背部，一动不动，像是一块海中礁石。有的飞鸟飞累了，正想找个地方休息，看到海里有块"礁石"，便高兴地降落在上面。这时狡猾的猫鲨并不急于行动，而是先将尾部慢慢下沉，再逐渐将后半身沉入海中，飞鸟不知内情，也随之一点一点地向前移动，在它刚刚移到猫鲨头部之际，就被猫鲨突然一口吞下。

人们眼中的鲨鱼除了凶狠就是狡猾，那么有没有老实的鲨鱼呢？在墨西哥东部的妇人岛附近，一名潜水员潜入海下工作，忽然，他发现在海底一个洞穴里躺着一条鲨鱼，大嘴一张一合地呼吸着，潜水员壮着胆子游近鲨鱼，结果鲨鱼一动不动，这可太奇怪了，一向喜欢进攻的鲨鱼这是怎么了？他又急忙招呼助手一同带着测量器具和摄影器材再次到海中洞穴里，他们用木棍触动它，这条鲨鱼却懒洋洋地挪动了一下，又不再动弹了。后来他们对洞穴里的水进行了化验、分析，发现这个洞里还有淡水涌出，而且淡水里有较高的酸性及二氧化碳，这是使鲨鱼的大脑神经镇静的原因之一。同时淡水和海水混在一起，便形成了电磁场。因此他们断定：任何海洋动物，只要处于这种环境中，都会像人喝了酒一样，进入"兴奋的飘然状态"。

还有一个现象引起了科学家们的注意：凡是生活在其他地方的鲨鱼都有不同程度的寄生虫，唯独生活在洞穴环境中的鲨鱼身上却干干净净。洞里的水就像治虫药水一样，消灭了鲨鱼身上的寄生虫。

你了解凶猛的彼拉鱼吗

彼拉鱼是一种生活在南美洲亚马逊河里的淡水鱼，以小鱼为食。虽然身体只有 30 厘米长，但千万别小瞧它，它可是凶猛异常的水中鱼类，它曾袭击过像牛那样大的哺乳动物。过河的牛遇到彼拉鱼，很多都没有到达对岸的可能，常常因流血过多而沉入水中死亡。据记载："有一个人骑马过河，不幸遇到一群彼拉鱼，后来发现在这河里有马的骨头。"

有一件奇怪的事，发生在南美洲。当地印第安人有一种奇特的风俗习惯，也是世界上独一无二的祭礼仪式：当他们的长辈去世

后，既不埋葬也不火化，而是将尸体用丝绸带缠好，并在身体的两侧放满鲜花，然后高奏哀乐，在乐曲声中徐徐地将尸体投入河中。霎时间，只见一群小彼拉鱼闻讯而来，把死者的身体吃个精光，最后只剩下一副骨架。也有传说在古代大暴君、大奴隶主也常常把触犯他们礼法的人，推入有彼拉鱼群聚的河里，作为一种酷刑。

总之，不管任何动物只要不幸闯入它们居住的范围，都会立刻受到袭击，并在很短的时间里被切成碎块。彼拉鱼犹如一群饿狼，在它们周围，任何东西都不会有生存的余地。如果它们遇到大的动物，一时无法吃下，就撕咬得乱七八糟，留下的部分任其漂流或下沉。所以彼拉鱼所经之处，水面上狼藉不堪。

也许有人会问："一条小小的彼拉鱼真的会这么厉害吗?"是的，因为它们是群聚性动物，从不分散，碰到大小敌害，它们都会群起而攻之。虽然彼拉鱼的个体小，但却长满一嘴锋利的牙齿，而且它们喜欢撕杀各种动物。这样一来，个体虽小的彼拉鱼却足以令别种动物望而生畏。但单个彼拉鱼就失去了威风。有位鱼类学家做过这样一个试验：将一条彼拉鱼放在水族箱内，主人用手指轻轻动一下水面，这条以凶猛自居的彼拉鱼就会马上躲到水族箱的角落里去了。

你知道生活在热水中的鱼吗

大千世界，无奇不有。我们经常看到的各种鱼类，大都可以在普通的水温下生活，可是也有少数鱼类，它们在温度很高的水温里生活得也很开心，这简直令人不可思议。

那是在 1936 年，美国航海家雷普乘船到北太平洋去航行。春天，海上的景色十分迷人，雷普站在甲板上，呼吸着湿润的新鲜空气。突然，一阵异乎寻常的狂风夹着巨浪涌向船舷，将雷普打落水中。雷普与激浪搏斗了一个多小时，深感筋疲力尽，已经有些绝望。就在他胡思乱想的时候，他又糊里糊涂地被海浪推到了千岛群岛的伊都普鲁岛上。他如梦初醒，庆幸自己死里逃生。性命虽然保住了，可是他随身携带的一整套炊具以及全部财产统统付之东流，幸好还剩给他一个折叠式的大茶缸。这时他感到全身疼痛，又饥又渴。饥饿感迫使他去寻找东西吃，可是他又一想，在这荒无人烟的地方，哪里能有什么东西可吃呢？他正在扫兴地思索着，忽然他发现不远处有条小河，便拖着疲惫的身体走到河边。啊！怎么有这么多小鱼漂浮在河面上？他高兴地自言自语着："这回饿不死了。"可是他又一想，这些已经死去的鱼，吃起来味道一定不会很鲜美。俗话说："饥不择食。"所以他还是把鱼捞起放在大茶缸内架火煮了起来。雷普实在太饿了，不等开锅他就打开了盖子。这一打开不要紧，他惊呆了，明明是死鱼怎么会变活了呢？他用手试试水温，估计最低也有50℃以上。这么热的水怎么没把鱼烫死呢？他直盯盯地望着这些游来游去的鱼儿……

后来，经过科学家的研究调查才弄清楚。原来这座伊都普鲁岛为有名的火山岛，就在这火山口下面便有一条湖泊。由于火山的活动，使湖泊变热，水温有时高达70℃左右，可是在这么热的水里竟然生活着一种小鱼。雷普捞的这些鱼便是能耐高温的鱼，但是如果把它们放在冷水里或改变原来的温度，这种鱼就被冻得昏迷不醒。

能耐高温的鱼为数不多。例如我国云南有一种小鱼，它能在48℃的温泉中生存；美国加利福尼亚州的一条河里栖息着一种热水鲤鱼，那里的水温平均为55℃；还有一种浅黑色的小鱼，生活在马达加斯加的首都塔那那利佛东部地区的温泉中，这里的水温高达75℃，可以说这是世界上最能抗高温的一种鱼。

为什么剑鱼被称为"活鱼雷"

第二次世界大战即将结束，英国一艘轮船"巴尔巴拉"号正在作横渡大西洋的定期航行。突然，值班水手发出一声绝望的惊叫：

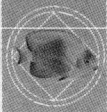

"鱼雷！左舷发现鱼雷！"这时轮船上随即响起警报，船员们慌作一团，全部拥向甲板。主舵手发疯般地转着舵，拼命地改变着航向。从左舷看去，可以清楚地看到一个黑色的椭圆形的东西异常迅速地朝轮船冲来，其后掀起一道道白浪。不一会儿，只听一声震耳欲聋的巨响……

船上的人早已被吓得魂不附体，可是奇怪，轮船并没发生爆炸。这时人们才发现，轮船船底破了一个大窟窿，海水汹涌而入。而那个可怕的"鱼雷"已经离开了这条船，又向着另一个方向冲去。原来，那是一条巨大的剑鱼——"活鱼雷"。

剑鱼属于剑鱼科，由于它的长颌延长，呈剑状突出，因而得名。它的"剑"异常锋利，犹如长尾鲨的尾巴一样。剑鱼属于残忍凶猛的鱼类。平时喜欢生活在大洋深处，安分守己，胆小怕事，但在它发怒时，它会不顾一切地向鲸鱼、军舰或渔船扑去。游动的速度是相当惊人的，据测定，此时剑鱼的时速可达100千米。剑鱼在鱼类的大家族中算得上是引人注目的，它那纺锤形的身体行动异常敏捷。两个背鳍长得也很奇怪，一个是又长又尖，另一个短得让人看不出来，尾鳍像一弯新月。剑鱼的体表呈深监色，腹部为纯蓝色，这种体色在一般沿海鱼类中是很少见的，这显然是大洋性鱼类的主要特征。

剑鱼为肉食鱼类。有人曾在一条剑鱼的胃里发现有几尾鲳鱼，一尾大眼鲷鱼，十二尾鲹以及它的籽鱼。剑鱼的捕食方法很特殊，观其捕食犹如在看它跳一场"死亡之舞"。它一闯进鲭鱼群，就将身体放扁从水中跃起，经过几跃之后，多数鲭鱼均被震昏。此时，它又以闪电般的速度在鱼群中横冲直撞，不一会儿就用长剑刺死数十条鲭鱼，然后便狼吞虎咽地饱餐一顿。英国军舰"列波里特"号在利物浦西南 600 千米的海面上曾几次受到剑鱼的袭击。一次，舰上的人员正准备进行早操集训，忽听一声巨响，全体人员都不知出了什么事。一查看，原来在船尾侧面的抛锚处有一尾剑鱼刺入船板，它正在挣脱欲逃，说时迟那时快，也不知是谁用一根粗大的绳子准确无误地套住了它的尾部，大剑鱼被吊上了甲板。经测量，这尾剑鱼全长为 5.28 米，其中"剑"长就有 1.54 米，体重为 660 千克。

在很久以前，当船舶还都是木制的时候，英国保险公司的保险项目中就列有"剑鱼攻击船只所受伤害保险"一款。在英国肯西格顿城的历史自然博物馆里，还陈列着遭到剑鱼攻击而受损的船只和剑鱼被船折断的"剑"。由此可见，剑鱼在当时的危害性是相当严重的。

1944 年，南非某处海面上出现了一条大剑鱼，它凶猛地用自身的"利剑"戳穿了一条渔船，并把船举出水面。转眼间，连船带人

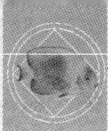

都被卷入了水中。

1948 年底的一天，美国四桅帆船"伊丽莎白"号在驶近波士顿时，遭到剑鱼的袭击。船员们亲眼看着那庞然大物是怎样以每秒钟几百米的速度猛冲过来，它的长剑深深戳进船舱，甚至连头都快插进去了，幸好它没有继续进攻，否则船真的要惨遭灭顶之灾了。尽管如此，"伊丽莎白"号进港后，还花了三千多美元的修理费。

剑鱼还常常同鲨鱼群一起围攻巨鲸，有时在海上可以看到这样的情景：一群鲨鱼把一头巨鲸围困在中间，它们用锐利的牙齿在鲸鱼身上撕咬，不一会儿鲸鱼就昏迷过去。这时剑鱼也赶来了，用自己的长剑在鲸体上左右乱拨，奇怪的是它却一口不吃，好像专门为鲨鱼效劳的。剑鱼这样的举动至今令人琢磨不透。

剑鱼的肉很鲜美，所以渔民从不错过捕捉它的机会。由于剑鱼长成之后单独行动居多，所以在渔业上捕捉意义不大。不过，剑鱼也有个特殊的习性，它很喜欢混在鲔鱼群内，因此一般有鲔鱼群的地方，便可以常常看到剑鱼。但是捕捉剑鱼可不是件容易的事，对于它，用各种网具都是徒劳的，唯一能捕捉它的工具就是鱼叉，而这又是一桩相当冒险的事。往往受了伤的剑鱼突然潜入海底，而后猛地冲出海面，刺穿或打翻渔船。所以，捕捉剑鱼一定要做好充分的准备工作。

为什么鲫鱼被称为"免费旅行家"

生活在海洋里的鲫鱼,是典型的免费旅行家。它时常附在大鲨鱼、海龟、鲸的腹部或船底,周游四海。到了饵料丰富的地方,鲫鱼就会自动离开它"乘坐"的"免费船只"美餐一顿。然后再寻找一条新的"船",继续免费旅行。鲫鱼这样在大海中乘"船"旅行,不仅省力,而且还能狐假虎威地免受敌害侵袭,真是一举两得的美事。那么为什么鲫鱼有这么大本领呢?原来,鲫鱼的第一背鳍可以演变成一个吸盘,它便利用这个吸盘吸附在某一物体上,挤出盘中的水,借大气和水的压力,吸盘就牢固地吸附在该物体的表面上了。

鲫鱼的这一特性早已被渔民发现了,渔民们巧妙地把它当做一种捕获大海中珍贵动物的工具。据说,桑给巴尔岛和古巴渔民抓到鲫鱼后,先把它的尾部穿透,再用绳子穿过,为了保险,再缠上几圈系紧,拴在船后,一旦遇到海龟,他们就往海里抛出2—3条鱼,不一会儿,这几条鲫鱼就吸附在大海龟的身上。这回鲫鱼满想高高兴兴地周游一番了,谁料到,这时渔民已在小心地拉紧绳子,一只大海龟连同鱼一起回到了船舱里。

鲫鱼主要分布于太平洋、印度洋、大西洋以及这些大洋中的温带海区。我国沿海也有。鲫鱼的主要食物为浮游生物和大鱼吃剩下的残渣，有时也捕食一些小鱼和无脊椎动物。这种鱼体型延长，近似圆筒形，长达 80 厘米。

谁是游得最快的鱼

旗鱼，又称芭蕉鱼。一般体长 2000—3000 毫米，为太平洋热带及亚热带大洋性鱼类。分布于印度尼西亚至太平洋中部诸岛，北至日本南部。中国产于南海诸岛、台湾海域、广东、福建、浙江、江苏、山东等沿海地区。旗鱼呈圆筒形，稍侧扁。背、腹缘钝圆，较平直。吻尖长，呈枪状。眼小，侧位。眼间隔宽平。口裂大，近于平直。前颌骨与鼻骨向前延长形成枪状吻部，长于下颌，上颌骨向后伸达眼后缘下方。体覆针状鳞。侧线完全，在胸鳍上方渐向下弯曲后作直线延伸至尾部。尾鳍分叉较深。头及体背侧青蓝色，背侧有横排列的灰白色圆斑，腹部银白色，除臀鳍灰色外各鳍为蓝黑色，第一背鳍鳍膜上密布黑色圆斑。以小鱼和乌贼类等软体动物为食。

旗鱼可算是动物中的游泳冠军了，平时时速 90 千米，短距离

的时速约 110 千米。海豚是游泳能手，时速约六十多千米。但是，它却没有旗鱼游得快。根据游泳速度记录，次序是：旗鱼、剑鱼、金枪鱼、大槽白鱼、飞鱼、鳟鱼，然后才轮到海豚。

旗鱼游泳的时候，放下背鳍，以减少阻力；长剑般的吻突，将水很快向两旁分开；不断摆动尾柄尾鳍，仿佛船上的推进器那样。加上它的流线型身躯，发达的肌肉，摆动的力量很大，于是就像离弦的箭那样飞速地前进了。虽然它分布在地球上的各个海域，但由于许多实际的困难，要确切地测得这种鱼的最高游速是很困难的。在美国佛罗里达海岸的长礁外面，曾测量到一条旗鱼的游速是每小时 109.43 千米，即 3 秒中游 91.4 米。剑鱼也是游得很快的一种鱼类，但是剑鱼游速却是通过剑鱼刺深深戳入船只水下部分的船板而估算得知的。由一条剑鱼的刺戳入船板 55.88 厘米可算出这条鱼在当时的游速是每小时 92.696 千米。

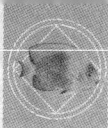

哪种鱼最大

　　鲸鲨是世界上最大的鱼，它以浮游生物为食，生活在大西洋、太平洋和印度洋中。有纪录称，最大的鲸鲨体长 12.65 米，身躯最粗部分周长 7 米，重约 15—21 吨。该鲸鲨于 1949 年在巴基斯坦卡拉奇附近的巴巴岛附近被捕获。

　　鲸鲨是卵胎生的种类，曾有记录一尾怀孕的鲸鲨怀有超过 300 尾的胎仔，这可能是软骨鱼类中（包括鲨鱼）每胎孕子数最高的种类。尽管成熟的鲸鲨有不少被渔获的记录，但却很少发现怀孕的个体，由此推测鲸鲨是十分的晚熟，怀孕的几率很低。

　　鲸鲨体型巨大，并且以捕食较小型的动物为生，生殖周期长，繁衍能力弱。通常都是受到保护的对象。但到目前为止，鲸鲨仍非中国国家级保护动物。

为什么射鱼被称为"水对陆"神射手

在南洋群岛和波利尼西亚群岛附近海域，有一种色彩十分艳丽的射鱼，别看它体型娇小，却是名副其实的"水对陆"神射手。所谓"水对陆"，即射鱼与其他鱼一样同是生活在水中，却能奇迹般地射杀和捕食生活在陆地上的昆虫。这种叫做射鱼的神射手，经常流连于沿岸的水域里，看上去似乎漫不经心的样子，实际上却在全神贯注地盯着岸边草丛灌木上歇息的昆虫。一旦确定了攻击目标，一股高速水流就会在倾刻之间从它嘴里喷射出来，不偏不倚地将目

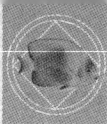

标昆虫击落到水中，它便从容地吞食下去。射鱼百发百中地发射"水弹"，从不失手，的确让人赞叹不已，甚至弹无虚发的神枪手们也会为它的精湛表演而由衷地钦佩。

至今，科学家也未解开射鱼拥有这种奇异功能的原因。

刺鱼是怎么进行求爱的

每年到了繁殖季节，刺鱼便从海洋游到江河里去产卵。当雄鱼找到适合的产卵场所时，便开始筑巢。

巢筑好后，在雄刺鱼向雌刺鱼"求婚"前还要修饰打扮一番，其体色会变得鲜艳起来，背部变成青色，腹部呈淡红色，眼睛也闪着蓝色。雄刺鱼漂亮的仪表，往往能博得雌刺鱼的一见钟情。雄刺鱼为了争夺"新娘"，在婚前要进行一场殊死的搏斗，它们用身上的刺作武器来攻击对方，战败者被刺得遍体鳞伤，只好仓皇逃命，胜利者才得与雌鱼结为伉俪。

有趣的是，雄鱼在向雌鱼"求婚"时，还要跳"蛇形舞"，它跳着欢快的"舞步"，慢慢将雌鱼引向巢边。如果雌鱼到了巢口还"害羞"而不愿进去，雄鱼就竖起刺来触动雌鱼将其赶入巢里。雌鱼入巢后，产下 2—3 粒卵便扬长而去，这时雄鱼就进巢排精，这段"姻缘"就此便宣告结束。由此可见，刺鱼的求偶和交配时间极其短暂，真是匆匆结合，又匆匆离散。

雄刺鱼是个"喜新厌旧"的家伙，当"新娘"一旦离去，"新郎"便另找新欢，即雄鱼又去追求新的雌鱼进巢产卵，一直到卵把巢底铺满，雄鱼才停止觅侣活动。

为什么刺鱼是筑巢最精致的鱼

刺鱼是刺鱼目刺鱼科约 12 种鱼类的统称，产于北半球温带区。体型小，最大约长 15 厘米。一些生活于淡水中；一些生活于海水中；还有一些在淡水或海水中都有。本科特征是背部在背鳍部前方有一行棘。腹鳍各具一锐棘；尾柄细长，尾鳍方形。无鳞，体侧有数目不定的硬甲片。刺鱼中有几个种是人们所久已熟悉并且是产量十分丰富的鱼类，其中较著名的有三刺鱼，它是北半球淡水和海水中的常见种，背棘三个，体型小，510 厘米长。还有九刺鱼也是小型鱼，但背棘数多，是另一广泛分布种。其他还有北美淡水产的溪刺鱼和北美主要为海产的四刺鱼，以及欧洲沿岸所产的细长多棘的海刺鱼等。

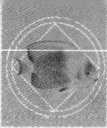

　　刺鱼在生殖期先由雄鱼在溪流的浅水区选择一合适地点营造产卵巢。雄刺鱼用嘴衔来眼子菜细茎，由自身的肾脏分泌一种透明黏液，通过输尿管排出体外，遇水或空气就凝成固体，借此将衔来的眼子菜细茎粘织成适于产卵的鱼巢。洛尔特先生在温哥华岛观察过刺鱼的筑巢过程，他作了这样的记录：在工作中，雄的不时向着巢游泳并泼水，看上去好像是在考验巢的坚固程度；经常用自己的身体摩擦这个小床，用体侧的黏液来使它们混合，这样就变成了水草砖的水泥浆。其次，用吻伸入水底的砂中，衔了满口的沙，而散在这个基础上。这样反复工作着，一直到小床被压到结实而稳固为止。

　　为了考验这个基础的一切材料是否坚固，它常用水来灌注。完成后的巢，是一个中空而略呈圆形的东西，它和固定在水草上的一个基础面完全相附合，巢完成后再用身体的黏液把它封得很坚固。巢里面石膏样的组织，需尽可能做得光滑，这个小小的建筑家，身体在巢内辗转反侧，把黏液涂上后，内壁就好像涂了一层坚固的假漆。

　　费了数日，雄鱼才筑成一个呈圆球状，上部开口无顶，俯视可窥见产于其中之卵，内径 3 厘米，外径 4 厘米，高约 2.5 厘米的透明色的巢。

　　雄鱼筑好巢后就出去找对象，雌的被选中后，雄鱼要作出一套复杂的求爱动作，最后把雌鱼引入巢中。